O Design Brasileiro de Tipos Digitais

Blucher

Coleção Pensando o Design

Coordenação

Priscila Lena Farias

O Design Brasileiro de Tipos Digitais

A configuração de um campo profissional

Ricardo Esteves

O design brasileiro de tipos digitais: a configuração de um campo profissional
2010 © *Ricardo Esteves Gomes*
Editora Edgard Blücher Ltda.

Blucher

Publisher Edgard Blücher
Editor Eduardo Blücher
Editora de desenvolvimento Rosemeire Carlos Pinto
Diagramação Know-How Editorial
Preparação de originais Eugênia Pessotti
Revisão de provas Thiago Carlos dos Santos
Capa Lara Vollmer
Projeto gráfico Priscila Lena Farias

Rua Pedroso Alvarenga, 1245 – 4° andar
04531-012 – São Paulo, SP – Brasil
Tel.: (55_11) 3078-5366
editora@blucher.com.br
www.blucher.com.br

Segundo Novo Acordo Ortográfico, conforme 5. ed. do *Vocabulário Ortográfico da Língua Portuguesa*, Academia Brasileira de Letras, março de 2009.

Ficha Catalográfica

Gomes, Ricardo Esteves
O design brasileiro de tipos digitais: a configuração de um campo profissional / Ricardo Esteves Gomes (Coleção pensando o design, Priscila Lena Farias, coordenadora) -- São Paulo: Blucher, 2010. --

Bibliografia

1. Design - Brasil 2. Design - História 3. Design gráfico (Tipografia) 4. Tecnologias digitais I. Farias, Priscila Lena. II. Título. III. Série.

10-10413 CDD-741.60981

Índices para catálogo sistemático:
1. Brasil: Design gráfico: História 741.60981
2. Design gráfico brasileiro: História 741.60981

Vinte anos de design de tipos no Brasil

O início da década de 1990, período no qual são lançadas as primeiras fontes tipográficas digitais brasileiras, é marcado, no contexto internacional, por aquilo que alguém já chamou de *legibility wars*: uma série de artigos, alguns em tom inflamado, publicados em revistas como a britânica *Eye* e a norte-americana *Emigre* contrapondo visões tradicionais sobre legibilidade a práticas tipográficas expressivas e experimentais. Estavam em jogo coisas como o respeito ao leitor, a posição do designer como autor, a pertinência das teorias e da história para a prática do design gráfico, e os limites do que poderia ser considerado compreensível ou aceitável em tipografia.

Foi em meio a essa turbulência intelectual que redigi minha dissertação de mestrado, posteriormente transformada em livro. Ao chegar à conclusão, tentei imaginar o que aconteceria em um futuro próximo, tendo em vista o impacto das tecnologias digitais sobre a prática do design de tipos, que acabara de descrever. Visualizei algo como um número crescente de designers, mais conscientes da história e das possibilidades expressivas da tipografia, que aos poucos redefiniriam um campo de atuação, mas que precisariam manter-se atualizados em relação às tecnologias envolvidas para destacar-se como protagonistas.

Entendo que este livro de Ricardo Esteves, também fruto de uma pesquisa de mestrado, em muitos sentidos, dá continuidade, com grande competência, à reflexão que iniciei em *Tipografia digital: o impacto das novas tecnologias*. Ricardo não é um mero espectador dos fatos que está relatando. Seu discurso baseia-se não apenas em levantamentos bibliográficos e de campo, mas também do conhecimento adquirido como designer que produz seus próprios tipos e os distribui internacionalmente por meio das muitas possibilidades oferecidas hoje pela extensa rede de atores formada pela comunidade tipográfica global, descritas no Capítulo 2.

Acredito também que a perspicaz descrição dos fatos que levaram à configuração de um campo profissional para os designers de tipos brasileiros é uma preciosa contribuição para a história da tipografia brasileira, e que servirá também como referência para uma história da tipografia na América Latina. Considerando que, em 1999, ao examinar uma amostra de fontes digitais brasileiras Erick Spiekermann concluiu que a tipografia no Brasil estava em sua infância ou pré-adolescência, podemos agora verificar, observando os últimos exemplos que Ricardo apresenta no Capítulo 3, que o design de tipos brasileiro amadureceu consideravelmente.

É importante notar, contudo, que não se trata, aqui, ainda, de uma história da configuração de um campo profissional para o design de tipos no Brasil, visto que muitos dos atores envolvidos estão radicados no exterior, ou dependem de conexões internacionais para atuar profissionalmente e comercializar suas fontes. Essa história, assim como a história dos designers de tipos brasileiros da era pré-digital, ainda está para ser contada, e aguarda a contribuição de outros pesquisadores dedicados e talentosos como Ricardo Esteves.

Priscila Lena Farias

São Paulo, 2010

Para Dino, Maria Amélia e Janaína.

Para todos aqueles que insistem em tornar seus sonhos uma realidade.

Agradecimentos

Ao Prof. Dr. Washington Dias Lessa, por ter abraçado prontamente a pesquisa desde o início e por toda sua paciência, dedicação e compartilhamento de conhecimentos durante seu desenvolvimento.

Aos professores doutores Priscila Lena Farias e João de Souza Leite, pelas generosas contribuições para o aprimoramento da investigação.

A todos os designers e pesquisadores que, de maneira direta ou indireta, contribuíram para que esse trabalho se tornasse possível, em especial para: Rodolfo Capeto, Fabio Lopez, Claudio Rocha, Henrique Nardi, Fernando Mello, Tony de Marco, Yomar Augusto, Leonardo Costa, Eduardo Omine, Eduilson Coan, Marconi Lima, Gustavo Ferreira, Eduardo Berliner, Felipe Kaizer, Fabio Haag, Fernanda Martins, Marina Chaccur, Gustavo Lassala, Rafael Neder, Isac Corrêa Rodrigues, Fernando Caro e Luciano Cardinali.

À Fundação de Amparo à Pesquisa do Estado do Rio de Janeiro (Faperj), pelo financiamento durante o mestrado no qual a pesquisa foi originada.

Ao Programa de Pós-Graduação da Escola Superior de Desenho Industrial (ESDI/UERJ).

Conteúdo

Introdução

Nas últimas décadas, com o surgimento de novas tecnologias, novos modos de atuação projetual emergiram dentro do campo do design. É o caso do design de tipos digitais, que, ao longo do tempo, deixou de ser uma atividade restrita a poucos especialistas e se democratizou pelo mundo. No Brasil, embora com suas particularidades, essa expansão ocorreu de modo semelhante. A partir de meados da década de 1980 e, especialmente 1990, designers e estudantes em diferentes partes do País começaram a explorar essa área, inicialmente, de modo experimental. Com o passar dos anos, o design brasileiro de tipos digitais começa a ganhar contornos profissionais, se articulando com diferentes agentes nacionais e internacionais do mercado tipográfico.

O objetivo deste trabalho foi, portanto, o de investigar como surgiu e como vem se constituindo o campo profissional do design brasileiro de tipos digitais. Buscou-se estabelecer um mapeamento aberto desse processo, voltado para a identificação dos marcos e das relações que os conectam, caracterizando a consolidação dessa nova área de atuação. Para isso, a investigação foi realizada a partir de três perspectivas: 1) considerando as conceituações que delimitam o campo do design de tipos digitais, as quais necessariamente se referem ao campo geral do design de tipos; 2) buscando caracterizar as influências das mudanças tecnológicas e de agenciamento de mercado sobre a atividade – em âmbito nacional e internacional – e modos de abordagem projetual dados por essas condições; 3) levantando a produção efetiva dos designers de tipos digitais brasileiros a partir da década de 1980 até o ano de 2010 e as principais iniciativas de promoção da atividade ao longo da década de 2000.

Aqui não será abordado o design brasileiro de tipos na era pré-digital. Essa opção de pesquisa poderia se justificar, considerando tanto uma investigação sobre a existência de continuidades e rupturas quanto comparações que tornassem mais nítidas as particularidades do design de tipos digitais no contexto brasileiro. No entanto, a escassez de dados trabalhados a respeito do assunto pediria uma investigação específica, deslocando esforços em relação à delimitação cronológica do surgimento e desenvolvimento do design de tipos digitais.

Também não serão abordadas questões específicas em relação aos chamados tipos *dingbats*. Pelo fato de esses tipos se aproximarem mais do universo da ilustração do que dos códigos convencionados da escrita, esse universo também exigiria uma investigação particular.

Tendo em vista o envolvimento direto do autor deste livro com a atividade dentro dos escopos profissional e acadêmico, o recorte desta pesquisa foi definido de maneira dinâmica, na medida em que foram sendo estabelecidas ricas relações com designers de tipos e pesquisadores brasileiros e estrangeiros. Essas relações foram possíveis por meio de simpósios, congressos, palestras, bienais, entrevistas e por meio da internet, bem como da bibliografia levantada. Desse modo, procuramos identificar elementos relevantes para a ampliação do conhecimento a respeito desse tema específico no Brasil, a partir de uma compreensão geral dos elementos que influenciam na formação desse campo de atuação projetual e de nossa história recente. Este livro é, portanto, o resultado concreto de algumas dessas articulações e se propõe a contribuir para o fomento da atividade em âmbito nacional.

Considerando que, atualmente, existem poucos pesquisadores dedicados a esse assunto específico no Brasil, e acreditando no valor didático da pesquisa, adotou-se uma abordagem intencionalmente ampla, no sentido de procurar compreender como o design de tipos digitais vem se estruturando no âmbito profissional, no caso particular do nosso país. Vale ressaltar que vivemos em um momento no qual a atividade do design de tipos digitais se insere no paradigma da globalização, e que grande parte do mercado de licenciamento de tipos digitais, para uso em projetos gráficos, está concentrado na América Anglo-Saxônica e na Europa. Portanto, não podemos deixar de considerar os modos como alguns agentes internacionais contribuem efetivamente para o crescimento do campo profissional no Brasil e como isso pode influenciar na prática projetual dos designers de tipos brasileiros.

No Capítulo 1, são abordados conceitos que delimitam o design de tipos em geral e que são também utilizados para a delimitação do nosso objeto de estudo – o design de tipos digitais. Essas definições dizem respeito às categorias e aos seus respectivos termos de ocorrência frequente no âmbito profissional do design. Algumas dessas categorias são problematizadas, e o modo como elas serão utilizadas aqui é esclarecido.

Na terminologia profissional, o termo "tipografia" é amplamente difundido e usualmente funciona como um conceito "guarda-chuva", abarcando diferentes práticas relacionadas, muitas vezes de modo impreciso. Por esse motivo, tratamos de diferenciar o campo conceitual do que chamamos de **uso de tipos** – mais difundido pela tradição da programação visual – do **design de tipos**, existente há mais de cinco séculos, mas ainda pouco abordado no ensino regular de design nas universidades brasileiras.

Em seguida, são abordadas as diferenças entre tipografia (*typography*), escrita manual (*handwriting*) e letreiramento (*lettering*), de acordo com as concepções de Smeijers (1996) e Noordzij (2000), e discute-se como elas se diferenciam a partir das técnicas empregadas. As categorias e termos tradicionais serão utilizados para a compreensão da tipografia nas tecnologias contemporâneas. A partir de alguns exemplos de tipos brasileiros, observa-se de que modo a escrita manual e o letreiramento podem ser utilizados como subsídios para desenvolvimento de fontes tipográficas digitais.

Outra delimitação importante diz respeito à categorização tipográfica a partir de sua dimensão pragmática. Tendo em vista as duas grandes categorias de uso envolvidas em projetos tipográficos na atualidade – tipos para texto de imersão e tipos *display* – partindo das teorizações de Tracy (1986), Noordzij (2000), Frutiger (2002) e Unger (2007), discute-se suas diferenças fundamentais, indicando que os limites entre as duas categorias frequentemente se tornam pouco precisos na produção contemporânea.

Finalizando o capítulo, são discutidas algumas especificidades do design de tipos digitais, com base em reflexões de Noordzij (2000) e Smeijers (1996), bem como nos conhecimentos acumulados pela experiência prática do autor.

O Capítulo 2 é dedicado a reflexões acerca dos fatores que modificam a prática do design de tipos, a partir de relações tecnológicas e socioeconômicas. Em uma breve retrospectiva, aborda-se o computador pessoal e o *desktop publishing* – elementos fundamentais para a difusão da atividade em âmbito internacional, a partir de meados da década de 1980 – e discute-se alguns desdobramentos para os tipos nas novas mídias. Com a proliferação dos textos nas telas, em seus diferentes formatos, esse modo de aparecimento da tipografia começa a ganhar uma maior importância relativa na atividade do design de tipos, antes concentrada exclusivamente nas mídias impressas.

Com as mudanças tecnológicas, novas empresas estrangeiras se articulam e ocupam espaço, algumas delas desempenhando um importante papel na difusão da produção brasileira em âmbito internacional. O Capítulo 2 discute a rede mundial de computadores enquanto elemento potencializador de mercado e o consequente crescimento na produção e comercialização de tipos inéditos. No que diz respeito à produção brasileira de tipos disponíveis em catálogo, apontam-se alguns dados obtidos no portal MyFonts, que podem ser úteis para a mensuração do ritmo de publicação por esse revendedor ao longo dos últimos anos.

Por fim, são abordadas algumas tendências projetuais contemporâneas. Discute-se os dois modos de colocação de projetos em âmbito profissional: os tipos disponibilizados em catálogos e os tipos feitos sob encomenda. Apontam-se ainda algumas tendências projetuais/morfológicas observadas na produção atual, possibilitadas ou facilitadas pelas novas tecnologias: as superfamílias tipográficas, os tipos que simulam a escrita manual e os tipos que simulam a imprecisão.

O Capítulo 3 trata da produção de tipos digitais por designers brasileiros nas últimas duas décadas e das iniciativas de promoção da atividade a partir do início da década de 2000. São apontados os principais eventos de ampla divulgação que ajudaram a promover a atividade, tais como palestras, exposições, bienais e congressos. Destaca-se a importância das publicações nacionais que tratam do design de tipos digitais para o amadurecimento da prática em nível profissional e acadêmico. Tendo em vista o importante papel da Web na troca de informações e conhecimentos específicos, indica-se também algumas referências que auxiliam a prática, presentes na rede mundial de computadores, possíveis por meio de iniciativas nacionais e estrangeiras.

Em seguida, é apresentada uma análise que investiga em que contexto o desenvolvimento de tipos digitais se insere no Brasil, quais foram os principais atores envolvidos nessa prática projetual e algumas de suas principais influências. Para isso, utiliza-se como critério de seleção dos designers envolvidos, o enquadramento em ao menos uma dessas categorias: 1) grande número de citações em publicações especializadas; 2) publicações de trabalhos em bienais nacionais ou internacionais; 3) premiações em concursos promovidos por associações ou empresas internacionais de grande visibilidade; 4) visível desempenho em vendas no mercado internacional por meio de distribuidores de fontes digitais.

A partir da identificação das produções brasileiras mais relevantes segundo os critérios citados aqui, procura-se aprofundar a compreensão do desenvolvimento projetual, a partir do discurso de seus autores em publicações especializadas. Em virtude do grande número de projetos encontrados segundo esses critérios, apenas alguns deles são ilustrados – os que foram considerados de particular interesse a partir de três critérios: a) seu caráter pioneiro; b) a apresentação de um determinado vetor projetual tratado no texto; c) sua qualidade técnica/estética.

Como modo de complementar informações não encontradas na bibliografia disponível, foram realizadas entrevistas estruturadas com alguns desses designers, investigando como e em que contexto se deu a feitura de determinados projetos de grande relevância para a produção nacional. Nesse caso, procurou-se enfatizar alguns dos designers que permanecem em atividade na projetação de tipos digitais, e/ou que tiveram uma importância histórica notória para esse campo no Brasil.

Com tudo isso, pretende-se estabelecer, portanto, um panorama geral do design brasileiro de tipos digitais, analisando que caminhos estão sendo seguidos, quais são os dilemas do presente e quais perspectivas podemos esperar para o futuro.

1 **Delimitações básicas do design de tipos:** especificidades do design de tipos digitais

1.1 Design e uso de tipos

O termo **tipografia**, na língua portuguesa, costuma gerar certas ambiguidades. Ao mesmo tempo em que é utilizado na terminologia profissional para se referir ao estudo da história, anatomia e uso dos tipos, com certa frequência, é também utilizado para se referir ao desenvolvimento de novos desenhos tipográficos. O mesmo acontece com o termo **tipógrafo**, ora se referindo ao antigo profissional que compunha livros e outras peças gráficas utilizando tipos, ora se referindo ao designer que se propõe a desenvolver tipos inéditos. Por esse motivo, utilizaremos nessa pesquisa o termo **designer de tipos** para se referir ao profissional ligado ao desenvolvimento de novos desenhos tipográficos e de sua produção.

Do outro lado, portanto, estaria o designer que utiliza os tipos já existentes para projetar suas peças gráficas, sejam elas impressas ou em mídia eletrônica. Neste livro, quando utilizarmos os termos **designer gráfico** ou **programador visual**, estaremos nos referindo ao profissional que utiliza tipos projetados por terceiros em seus projetos. Faremos essa diferenciação apenas para fins de análise, pois sabemos que, na prática, esses dois papéis estão intrinsecamente ligados e, em muitos casos, podem ser exercidos por um mesmo indivíduo. Desse modo, podemos tratar o designer de tipos como um projetista e fornecedor de famílias tipográficas – ferramentas indispensáveis para que sejam possíveis projetos de livros, revistas, jornais, sistemas de sinalização, websites, interfaces digitais, embalagens, entre tantos outros realizados pelo programador visual.

É importante notar que essas diferenças não são apenas de especificidade ou generalidade da atividade, mas há também uma diferença ligada ao mercado. Tendo em vista que os designers de tipos desenvolvem fontes tipográficas que podem ser utilizadas por outros profissionais, em muitos casos, os designers gráficos se tornam os próprios clientes desses primeiros. Embora a atividade do design de tipos exista muito antes da inauguração do conceito contemporâneo de design – remontando aos tempos de Gutenberg – hoje podemos dizer que grande parte dos designers de tipos atuantes tem formação em programação visual, caracterizando essa atividade como parte desse campo de estudos mais amplo. Evidentemente, sempre há exceções à regra, e podemos observar também profissionais autodidatas que realizam projetos bastante competentes nesse sentido. No Brasil, podemos ver os designers de tipos Tony de Marco e Marconi Lima, como exemplos de que a busca do conhecimento específico não se restringe necessariamente à formação acadêmica canônica.

1.2 Diferenças entre escrita manual, letreiramento e tipografia

Tendo em vista a prática projetual e a tradição do design gráfico, é necessário esclarecer algumas categorias e termos que dizem respeito ao universo mais geral da concepção visual da escrita, e os modos com que serão utilizados nesta pesquisa. Vale esclarecer que, apesar do termo escrita (*writing*) ser utilizado por alguns autores para se referir à escrita manual (*handwriting*), o primeiro é utilizado aqui no sentido mais amplo, como uma manifestação concreta das formas convencionadas do alfabeto, seja qual for a técnica utilizada.

Antes de discutirmos especificamente o design de tipos, se faz necessário compreender como esses diferentes modos de manifestação da escrita mantêm pontos de convergência, mas também como se diferenciam em função das técnicas empregadas. É o caso do trio escrita manual (*handwriting*)/letreiramento (*lettering*)/tipografia (*typography*) que, com alguma frequência, costuma provocar polêmicas, ou falhas de entendimento. Posições radicais não faltam na abordagem dessas categorias, ora alegando que as três não apresentam diferenças fundamentais, fazendo parte de um mesmo campo conceitual, ora estabelecendo limites radicais, defendendo que as três possuem características tão distintas que sequer vale a pena colocá-las em confronto. Apesar das posições radicais de alguns designers, o que encontramos na maior parte da bibliografia consultada parece apontar muito mais para um caminho do meio.

Acerca dos procedimentos técnicos, Fred Smeijers utiliza os termos *writing*, *lettering* e *typography* para descrever o que ele chama de "as três maneiras de criar letras". Vale ressaltar que a utilização do termo **escrita** pelo autor não tem exatamente a mesma acepção que utilizamos na pesquisa. Embora utilizemos o termo no sentido amplo, Smeijers, ao contrário, utiliza **escrita** num sentido mais restrito, para se referir à **escrita manual.** Sobre esse modo de concepção da informação escrita, Smeijers defende que:

> As palavras escritas podem ser utilizadas apenas durante o próprio processo da escritura: o momento da produção e do uso é o mesmo. [...] A escrita acontece apenas quando você concebe letras com a mão (ou outra parte do seu corpo) e quando cada parte significativa das letras é feita com um traço. Na escrita, letras inteiras, ou mesmo palavras inteiras, podem ser feitas em um traço. [...] Por favor, não chame isso de tipografia, simplesmente porque faz uso de letras. (SMEIJERS, 1996, p. 19, tradução do autor.)

A ocorrência da escrita manual acontece, portanto, no momento do ato produtivo. Uma mesma forma não pode ser repetida com precisão absoluta duas vezes, pois ela é resultado de um momento único na relação entre o corpo, a ferramenta, o pigmento (quando é o caso) e o suporte, na execução de um traço. Embora um letreiramento também possa ser feito manualmente, ele se diferencia da escrita manual pelo modo estrutural com que as letras são construídas. Enquanto no letreiramento a forma da letra é desenhada por meio de linhas de contorno, na escrita manual, ao contrário, ela acontece a partir de uma linha central, conforme podemos ver ilustrado na Figura 1.1.

Figura 1.1 – À esquerda, podemos ver uma letra escrita utilizando uma pena hidrográfica de ponta chata. A modulação dos traços na escrita manual, nesse caso, acontece de acordo com o ângulo do instrumento empregado. Ao centro, vemos a estrutura da linha central com a qual essa letra foi escrita manualmente. À direita vemos a mesma letra desenhada a partir de linhas de contornos, como acontece no letreiramento, bem como nas fontes tipográficas. (As imagens sem indicação de fonte/origem, foram produzidas pelo autor.)

Quando se refere ao letreiramento (*lettering*), Smeijers enfatiza o fato de estarmos tratando de letras desenhadas (*drawn letters*).

> São letras cujas partes significativas são feitas com mais de um traço. O termo "letras desenhadas" nos lembra novamente da pena e do papel. Mas o escopo do letreiramento é, evidentemente, muito maior do que as formas de letras que podemos desenhar no papel. Também estão incluídas as grandes letras em néon nos prédios. Letras gravadas em

> pedra também são letreiramentos. [...] Esse processo parece ter mais em comum com a tipografia do que a escrita, pois, em grande parte dos trabalhos de letreiramento, as formas das letras parecem muito com os tipos de impressão. Mas essa é uma falsa conexão. [...] Letras desenhadas para formar palavras podem, em mãos habilidosas, parecer tipográficas; mas o espacejamento e o alinhamento são determinados manualmente, e isso define o processo como letreiramento. (SMEIJERS, 1996, p. 19, tradução do autor.)

Desse modo, o letreiramento se diferencia da tipografia não só pela questão da unidade mínima envolvida, mas também pelos diferentes meios técnicos de relacionar as formas e contraformas. No primeiro caso, as relações de cheios e vazios são determinadas manualmente, a partir de uma palavra ou grupo de palavras específicas. Já na tipografia, o espaçamento[1] é dado pelos espaços vazios deixados em cada caractere (à esquerda e à direita da forma da letra) no momento da produção da fonte. Esses espaços vazios, em geral, são projetados para que, sejam quais forem as combinações de letras, o ritmo permaneça constante no momento da leitura. A importância do ritmo de espaços vazios fica mais evidenciado nas fontes para texto de imersão, em que certa constância é desejável para uma leitura confortável. Mas esse princípio também se aplica em alguns casos de fontes *display*, a não ser no caso de soluções estéticas que tenham como proposição principal questionar ou desconstruir esses referenciais, ou seja, manter espaços ópticos não uniformes entre letras. Ambas as categorias de uso serão problematizadas adiante.

1 Referimo-nos aqui aos espaçamentos originais entre letras em uma fonte tipográfica digital. Esses espaçamentos são determinados pelos limites de cada caractere no momento do projeto e codificados no arquivo de uso. Tendo em vista as possibilidades dos programas de editoração eletrônica, sabe-se os espaços entre letras originais das fontes podem ser livremente alterados no momento do uso. Nesse segundo caso, é utilizado o recurso chamado de espacejamento ou *tracking*.

Em fontes tipográficas, os ajustes de *kerning* acontecem apenas nos casos de exceção, em que uma determinada combinação de glifos não venha a gerar um equilíbrio óptico adequado (ou desejado) entre cheios e vazios, mesmo após a definição de seus espaçamentos regulares. Essa relação estrutural é ilustrada nas Figuras 1.2, 1.3 e 1.4.

Figura 1.2 – Modo como os caracteres são organizados na composição tipográfica digital. Os espaços regulares entre letras de uma fonte são criados a partir do posicionamento das linhas laterais, que definem o início e o fim de cada letra.

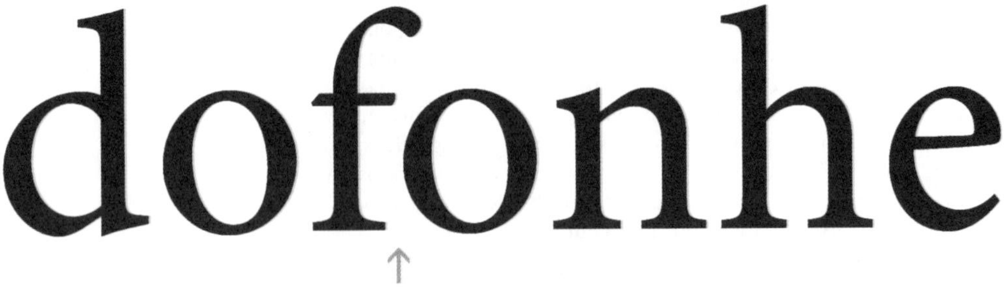

dofonhe

Figura 1.3 – Composição de uma fonte digital após ajuste específico de *kerning* entre o par "fo", eliminando o excesso de espaço vazio deixado pela métrica regular.

dofonhe

Figura 1.4 – Distribuição equilibrada entre os espaços vazios internos e externos. São consideradas as áreas entre a linha de base e a altura-x.

Um exemplo de relação simbiótica, embora não radical, entre o trio escrita manual/letreiramento/tipografia, pode ser observado nos textos do teórico holandês Gerrit Noordzij, que defende a ideia de que:

> Geralmente os tipos têm sua origem no letreiramento. Nesse caso, eles são diferentes da escrita manual, feita com um único traço. Essa diferença, entretanto, não é essencial. [...] A diferença essencial entre a escrita manual e a tipografia é que, no primeiro caso, as palavras e as letras são feitas simultaneamente, enquanto as letras tipográficas são construídas antecipadamente. Tipografia é a escrita com letras pré-fabricadas. [...] (NOORDZIJ, 2000, p. 30, tradução do autor).

Nesse sentido, Noordzij aponta primeiro a relação de semelhança das fontes tipográficas em relação ao letreiramento. Essa similitude se dá pelo fato de que, em ambos os casos, as formas das letras são construídas por meio de linhas de contorno (*outlines*). Ao contrário da tipografia e do letreiramento, na escrita manual as formas são compostas por meio de linhas centrais, e sua forma final se dá na conjunção entre o movimento da mão, a ferramenta, o suporte e a substância corante utilizados (LIMA, 2009).

Em relação ao par tipografia/escrita manual, podemos destacar o fato de, no segundo caso, as letras não terem necessariamente uma separação rígida, pois sua materialização final acontece no mesmo instante da sua concepção formal, ou seja, no momento do ato de escrever. No caso da forma cursiva, essa relação de fluidez na concepção formal pode ser ainda mais enfatizada. Por outro lado, na tipografia, a composição é estruturalmente fragmentada, tendo a letra como unidade mínima, a partir da qual as palavras e frases são compostas. Além disso, na tipografia, a concepção formal e o uso efetivo na composição de um texto ocorrem em etapas distintas – o que demanda a racionalização do processo produtivo.

A definição de Noordzij, da tipografia como "escrita com letras pré-fabricadas", parece ser esclarecedora para compreendermos suas diferenças fundamentais em relação à escrita manual e ao letreiramento. Nessas duas últimas, a própria palavra (ou um grupo de palavras), em sua concepção visual, passa a ser a unidade mínima envolvida, permitindo uma maior liberdade formal relativa nesse pequeno sistema de formas e contraformas. Essa conjunção se daria, portanto, na forma de bloco imagético, formando uma unidade que não é pensada em função de sua reprodução em fragmentos mínimos de letras, mas de sua harmonia formal dentro daquela palavra, ou conjunto de palavras, em particular. Nesse sentido, os logotipos, na maioria dos casos, são letreiramentos, mesmo quando usam tipos preexistentes. Isso se deve ao fato de que, em sua concepção, quase sempre envolvem ajustes de *tracking*, ou, em certos casos, modificações no desenho original das letras. Desse modo, a concepção de novos desenhos de letras e o uso de tipos podem se fundir. Não são incomuns os casos de famílias tipográficas que foram iniciadas a partir de letreiramentos, bem como é expressiva a quantidade de designers de tipos que também trabalham com logotipos feitos sob demanda – o que demonstra que essas atividades estão intrinsecamente ligadas.

Ao longo da história da tipografia, tanto a escrita manual quanto o letreiramento sempre serviram de referenciais para a concepção das formas tipográficas. Tendo em vista sua invenção original e difusão pela Europa a partir do século XV, sabemos que as primeiras fontes tipográficas simulavam o modelo da escrita manual dos livros copiados. Era natural que isso acontecesse, já que faziam parte da cultura material da época. Essa relação original sempre foi tão estreita que é absolutamente lógico encararmos essas categorias como sendo diretamente ligadas entre si. Mesmo agora, mais de 500 anos depois, em muitos casos, a visualidade de letreiramentos e de escritas manuais funcionam como referências para a concepção de fontes tipográficas.

Em alguns exemplos de fontes tipográficas brasileiras pode-se observar essa relação simbiótica da tipografia, tanto em relação ao letreiramento, quanto à escrita manual. Como um exemplo de fonte projetada com a intenção explícita de simular uma escrita manual, podemos citar o caso brasileiro da Underscript (1997), de Claudio Rocha, feita a partir de um estilo particular do próprio designer. A Underscript (Figura 1.5) foi feita originalmente com uma caneta hidrográfica de ponta redonda, composta somente em caixa-alta, com variações formais de cada letra, inseridas no lugar da caixa-baixa. É uma fonte com grande variação de largura e altura, fugindo, portanto, da regularidade presente em projetos mais tradicionais. Possui pouca variação de espessura e terminações arredondadas – resultantes das marcas deixadas pela ferramenta empregada em seus esboços originais. Esse projeto será retomado no Capítulo 3, quando tratamos especificamente da produção brasileira de tipos digitais.

UNDERSCRIPT
UMA FONTE DE CLAUDIO ROCHA
QUE SIMULA UMA
ESCRITA MANUAL PARTICULAR

Figura 1.5 – Fonte Underscript (1997), de Claudio Rocha. Um exemplo de fonte baseada na escrita manual.

Em relação às fontes baseadas em letreiramentos, podemos citar a família tipográfica Seu Juca (2002), de Priscila Farias, inspirada nos desenhos de letras vernaculares do pernambucano João Juvêncio Filho – um letrista do Recife conhecido como Juca. Baseada na seleção de um dos muitos estilos de letras pintadas nas placas de Juca (Figura 1.6), Farias criou uma família de quatro fontes com variações estilísticas, com letras não alinhadas e com a simulação de uma extrusão em uma perspectiva distorcida, que lembra, de certo modo, o universo visual dos quadrinhos (Figura 1.7).

Figura 1.6 – Acima, alguns letreiramentos pintados em placas por João Juvêncio Filho, o Juca. Imagens cedidas por Priscila Farias.

Nesse exemplo, que também será retomado no Capítulo 3, ocorre a apropriação de referências visuais de outros autores na criação de fontes digitais. Em muitos casos, os designers de tipos costumam se apropriar também de letreiramentos desenvolvidos em seus próprios trabalhos profissionais, ou em experimentos formais. Nesse tipo de abordagem (da apropriação explícita), com certa frequência, se torna difícil identificar um único autor. Tendo em vista que, desde o Renascimento, os designers de tipos sempre se apropriaram de referências visuais preexistentes, esse tipo de prática se tornou muito comum, tanto no design de tipos em geral, quanto em casos brasileiros particulares. Por outro lado, é importante ressaltar que o design de uma fonte tipográfica sempre envolve questões intrínsecas na criação de identidade e ritmo entre uma grande quantidade de variáveis. Desse modo, mesmo que o designer tenha a intenção de reproduzir de modo fiel um determinado estilo em uma fonte, a partir de um letreiramento específico, novos problemas formais sempre serão encontrados no ato projetual, na ampliação dos glifos existentes e nas relações entre os mesmos.

Apesar da relação estreita que os sistemas tipográficos podem ter com o letreiramento, é importante salientar que, na tipografia, os textos são compostos, em geral, a partir de tipos (matrizes de impressão, originalmente) de letras em caixa-alta, caixa-baixa, algarismos, sinais de pontuação e caracteres para-alfabéticos pré-fabricados.

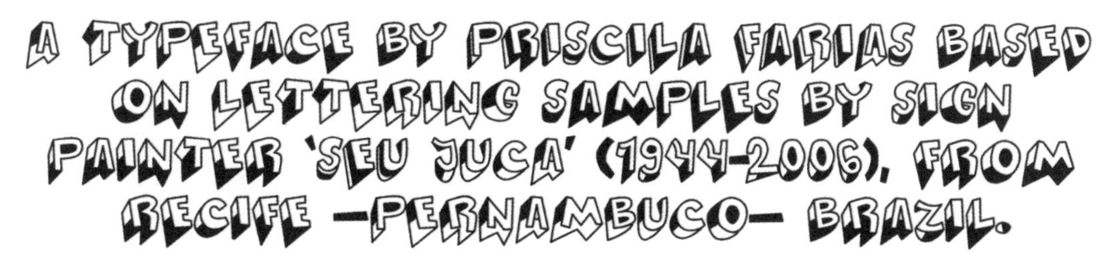

Figura 1.7 – Parte da família Seu Juca (2002), de Priscila Farias. Imagem cedida por Priscila Farias.

Para que isso seja possível, é necessária a figura do designer de tipos, que projeta não somente a forma das letras em uma composição particular (como é o caso do letreiramento), mas também as relações de espaços vazios no interior e no exterior das letras, de modo que os caracteres tipográficos possam ser combinados e recombinados entre si da maneira mais harmônica possível, sejam quais forem as combinações de letras e palavras. Ou, nas palavras de Jan Tschichold, "[...] a criação de uma relação lógica e óptica entre as letras, palavras e partes de frases [...]" (TSCHICHOLD, 1925, p. 29.)

Em uma fonte tipográfica, os caracteres podem ser utilizados novamente em novas composições, preservando suas características. Esse aspecto tipográfico da recombinação e reutilização dos tipos de maneiras diversas não pode ser observado no letreiramento, tampouco na escrita manual.

Outro ponto em questão, que não é abordado pelos autores, mas que vale a pena levantar, é em relação ao nível de complexidade dos sistemas envolvidos. Enquanto no letreiramento, salvo raras exceções, o designer deve relacionar um conjunto relativamente pequeno de letras em uma combinação particular, numa composição tipográfica, o designer compositor recorre a modelos já pensados e fabricados anteriormente pelo designer de tipos. No design de uma fonte tipográfica é preciso relacionar um número sensivelmente maior de variáveis, no sentido de criar identidade formal entre os diferentes glifos do alfabeto latino e, ao mesmo tempo, mantê-los diferentes o bastante para que suas particularidades sejam reconhecidas.

No caso das fontes digitais, dentro dos conjuntos de caracteres convencionados pelos códigos Unicode (que permitem a comunicação perfeita entre o arquivo de fonte e os teclados), se tomarmos como exemplo uma fonte comercial com uma abrangência internacional, que inclua os principais idiomas das Américas e da Europa (incluindo Leste Europeu e países da Península Báltica), são cerca de 400 caracteres que devem ser desenhados e espaçados. Quando tratamos de fontes que envolvem também outras línguas, ou mesmo outros sistemas de escrita diferentes do latino (por exemplo, grego, cirílico, devanagari, árabe etc.), a complexidade do sistema se torna ainda maior. Numa família tipográfica com vários pesos e variações estilísticas, a ação projetual do designer de tipos ganha ainda outras proporções, ou seja, esses números passam a ser multiplicados pela quantidade de fontes presentes na família. Portanto, podemos afirmar que o número de elementos visuais a serem articulados em fontes tipográficas, é sensivelmente maior do que no caso de um letreiramento com algumas letras, em uma combinação singular.

Desse modo, em senso estrito, seria equivocado classificar a feitura de um logotipo, por exemplo, como design de tipos, embora vejamos que as duas práticas mantêm uma estreita relação. No primeiro caso, seria mais adequado dizer que este pertence ao universo do letreiramento, que envolve outras técnicas projetuais e apresenta uma complexidade diferente em relação a uma fonte completa de um único estilo, ou a uma família tipográfica mais complexa. Por outro lado, embora na composição tipográfica sejam utilizadas letras pré-fabricadas (sejam elas peças físicas ou dados em um arquivo digital), o processo de percepção e leitura permanece o mesmo, bem como a importância da articulação das relações entre espaços cheios e vazios. Por esse motivo, é importante que encaremos essas diferenças não como regras absolutas, mas como guias para compreender diferentes práticas ligadas à manifestação da palavra escrita.

1.3 **Duas grandes categorias de uso:** tipos para texto de imersão e tipos display

Tendo em vista as duas grandes categorias de uso que norteiam a aplicação de uma fonte tipográfica, podemos notar duas forças extremas – uma que se aproxima da tradição deixada pelo livro impresso e de seus modelos amplamente convencionados; e outra que se afasta desses modelos, valorizando a excentricidade da forma tipográfica e o impacto visual que ela pode produzir. A tradição tipográfica do texto de imersão impresso, sustentada por mais de cinco séculos, deixou marcas visíveis nos referenciais de leitura. O modelo da letra humanista, em especial, criado durante o Renascimento italiano, permaneceu durante muito tempo como o principal padrão que constitui as rotinas de reconhecimento na leitura ocidental. Essa tradição, gerada pelo uso repetido de desenhos de tipos específicos, baseados, por sua vez, em modelos caligráficos, ajudou a criar o que Noordzij chama de "conceito mental" das letras. Esse modelo não estaria em um desenho tipográfico ou caligráfico específico, não possui uma forma claramente delimitada, mas trata-se de uma abstração mental criada a partir de nossas rotinas de leitura.

> Finalmente, a ideia de cada letra é um conceito na *mente* do homem. É por meio desse conceito *mental* que somos capazes de escrever e desenhar letras e reconhecê-las quando lemos. Mas, como todos sabemos, a forma real dada

> a qualquer letra varia consideravelmente. [...] O conceito mental não é preciso, mas flexível. É, certamente, versátil e, ainda assim, cada letra possui *identidade*. Ela tem certas características que são indispensáveis. (NOORDZIJ, 2000, p. 21, tradução do autor.)

Assim, podemos dizer que formas legíveis são uma questão de costume. Essa ideia é defendida também por Eric Gill, ao dizer que "Legibilidade, na prática, corresponde simplesmente àquilo a que estamos habituados" (GILL, 2003 [1931], p. 71). Quando nos deparamos com uma forma de letra ligeiramente excêntrica, a primeira reação costuma ser o estranhamento e a tentativa de enquadramento racional dentro dos modelos mentais com que estamos acostumados. Mas se vemos essa mesma forma repetidas vezes em um texto, chegará um momento em que, pelo contexto das formas mais gerais das palavras, passaremos a ignorá-la, imergindo no conteúdo da mensagem verbal. Esse é o processo pelo qual todos passamos durante a alfabetização. A nova forma de letra passará a fazer parte de nosso novo repertório, tornando-se progressivamente invisível aos nossos olhos de leitor. Entretanto, em um texto de imersão, ou seja, de leitura contínua por um longo período de tempo, costuma-se valorizar o esforço mínimo.

Desse modo, formas que já estão muito próximas do repertório visual coletivo tornam-se mais adequadas para esse tipo de leitura específica. Essa teoria se consolida pelo paradigma do "cálice de cristal", difundido a partir da década de 1930 por Beatrice Warde (WARDE, 1995 [1932], p. 73-78), em que a autora defende a ideia de que a tipografia bem utilizada deveria ser invisível como tal, do mesmo modo como o tom de voz perfeito seria o veículo que não se nota na transmissão das palavras e ideias. Muito embora esses conceitos de "perfeição" e "transparência" absoluta sejam bastante questionáveis, os escritos de Warde tiveram bastante ressonância durante as décadas seguintes, influenciando diferentes designers e tipógrafos. Ainda sobre os modelos mentais convencionados e o processo de leitura, na apresentação do livro *En torno de la tipografia*, de Adrian Frutiger, Heiderhoff afirma que:

> A leitura é um processo complexo que poderia ser descrito do seguinte modo: o leitor tem, gravada em seu subconsciente, uma espécie de matriz da forma de cada letra do alfabeto. Quando ele lê, a letra percebida recorre às matrizes. Ela é comparada com a silhueta correspondente e adaptada, sem reservas, quando o signo é similar, ou com resistência, se a forma difere demasiadamente. Mediante a leitura

> cotidiana, as matrizes se consolidam incansavelmente e obtêm um contorno preciso nas profundidades do subconsciente. São as escrituras clássicas que, em primeiro lugar, formaram essas matrizes. Há pouco tempo, as letras sem serifa se agregaram ao mesmo esquema. (HEIDERHOFF. In: FRUTIGER, 2002, p. 37.)

A descrição do "modelo mental" ou "matrizes da forma" parece muito próxima da definição de Noordzij. Entretanto, enquanto o primeiro descreve esses modelos como "flexíveis", estando em constante mutação, Heiderhoff os define como tendo "um contorno preciso". Logo em seguida, o autor complementa essa noção, ao lembrar que desde o século XIX os tipos sem serifa também começaram a integrar essa matriz, ampliando o repertório de modelos de leitura coletivo. Os tipos sem serifa, que num primeiro momento eram vistos como excêntricos e mais adequados para pôsteres e textos de consulta, hoje são usados também para leitura contínua, em certas situações projetuais, aparentemente sem maiores problemas para a percepção do leitor médio.

Essa conclusão, entretanto, está longe de ser um consenso. Alguns designers de tipos tradicionalistas ainda advogam a ideia de que tipos sem serifa não devem ser utilizados em textos de imersão, pois a ausência da serifa geraria uma maior dificuldade no reconhecimento imediato dos blocos de palavras e, por isso, causariam maior fadiga no leitor. Muito embora vários estudos de legibilidade apontem em sentido diferente, essa questão não será desenvolvida aqui.

Algumas diferenciações conceituais em relação às categorias de **tipos para texto de imersão** e **tipos *display***, envolvem questões referentes à aplicação técnica. É o caso de Walter Tracy, que define o problema da seguinte maneira:

> Particularmente, às vezes existe uma falta de entendimento em relação à diferença fundamental entre os tipos projetados para exibição [*display*] e os tipos indicados para texto. A diferença pode ser expressa como uma máxima: tipos para texto, quando ampliados, podem ser utilizados em títulos; tipos display, se reduzidos, não podem ser utilizados na composição de texto. (TRACY, 1986, p. 27, tradução do autor.)

É importante notar que o universo a que Tracy se refere parece restrito à tradição da tipografia impressa, utilizada em projetos de livros e periódicos. Nesse sentido, desenhos de tipos próximos da tradição e que suportam uma boa redução sem que seus traços mais finos desapareçam na impressão se apresentariam como mais adequados para a composição de textos longos. Por outro lado, fontes que se distanciam do modelo convencionado, ou de contraste acentuado seriam adequadas para títulos, por preservarem suas formas claramente visíveis apenas em grandes tamanhos de corpo.

A máxima de Tracy é, sob certa ótica, verdadeira, mas o problema da categorização tipográfica pelo uso não parece ser tão simples assim. Atualmente, os modos de aparecimento da tipografia são muito mais diversos do que há algumas décadas e não se restringem apenas ao design de livros e periódicos, nem sequer ao universo da produção impressa. Um movimento diverso em relação à tradição editorial do texto de imersão já se mostrava presente nos tipos de madeira, produzidos no século XIX, para aplicação em cartazes de grandes formatos, com formas bastante peculiares e inovadoras para a época. Dessa maneira, vemos que diferentes modos de leitura parecem exigir diferentes modos de abordagem projetual, tanto no campo mais amplo do design gráfico, quanto no design de tipos em específico.

No que diz respeito a essa primeira grande categoria, chamada também de **tipos para texto** ou **tipos de leitura,** Frutiger utiliza conceitos de Beatrice Warde, quando se refere à dita tipografia "invisível":

> A escrita é um instrumento que transporta alimento intelectual. [...] O tipo usado deve ser fácil de ler. Costuma-se dizer que ele tem de ser "invisível", que deve "desaparecer" por trás do texto, que, para uma leitura confortável, o leitor sequer o note. (FRUTIGER, 2002, p. 42, tradução do autor.)

Citações como essas são bastante frequentes, delimitando essa categoria de projetos tipográficos como aquela que respeita profundamente as regras formais amplamente difundidas pela tradição. As inovações tipográficas, frequentemente, se apresentam apenas nos detalhes de acabamento, remates, terminais, formas das serifas, angulação de eixo e detalhes de proporção, mantendo a mesma estrutura básica do alfabeto romano como estamos habituados. Nesse sentido, o ideal da tipografia "invisível" seria não ser sequer notada pelo leitor. Vale salientar, entretanto, que existe a posição de quem relativize essa invisibilidade, afirmando que o designer de tipos deve ter uma posição mais ativa no sentido de incorporar personalidade no desenho tipográfico, e que este deve ser utilizado, pelo designer gráfico, em confluência com a intenção subjetiva do autor do texto.

Do outro lado dessa dicotomia conceitual estariam os chamados **tipos *display*** ou **tipos fantasia,** nos quais a expressão gráfica da forma teria maior liberdade para se manifestar:

> As escritas de fantasia têm sua razão de ser nos textos bastante breves, como cartazes, programas de televisão, páginas da Web, embalagens, fachadas de lojas etc. Os tipos fantasia são incontáveis: bonitos, feios, provocadores, legíveis, ilegíveis. Em virtude de sua singularidade e sua surpreendente silhueta, eles pretendem, antes de tudo, captar a atenção do leitor. Rapidamente, sugerem uma sensação, uma textura ou uma atividade. (FRUTIGER, 2002, p. 45, tradução do autor.)

É importante notar, mais uma vez, que Frutiger delimita esses dois conceitos em função de uma razão pragmática. De um lado temos textos em que o leitor imerge em seu conteúdo, desejando, consequentemente, um estado de repouso visual e previsibilidade para que seu percurso aconteça com o máximo de conforto. É o caso de livros, jornais e algumas revistas. Do outro lado, temos textos cuja principal função é despertar o leitor de um estado de inércia ou repouso perceptivo e atrair sua atenção imediata para uma determinada mensagem. Essa atração, frequentemente, se dá por meio de uma conjugação de formas de maneira menos tradicional. O desenho tipográfico pode contribuir nesse sentido, acentuando um determinado tom de uma mensagem, ou chamando a atenção para si mesmo antes que seja lido. Esse modo de abordagem abre caminhos para uma maior experimentação e excentricidade no desenho.

Como veremos adiante, no Capítulo 3, na produção brasileira de tipos digitais, a criação de tipos *display* se tornou muito abundante a partir da década de 1990, e continua prevalecendo numericamente em nossa produção em relação aos tipos para textos de imersão.

Atualmente, estamos cercados de textos por todos os lados, seja no ambiente urbano, de trabalho, em espaços comerciais, na televisão, ou na rede mundial de computadores. A quantidade de mensagens disponíveis muitas vezes ultrapassa nossa capacidade de decodificação, tornando-se "paisagem", ou seja, passam a ser ignoradas pelo excesso, fazendo com que selecionemos apenas aquilo que nos interessa ou nos estimula de algum modo. Por esse motivo, muitas das mensagens visuais têm de se esforçar para provocar e seduzir o seu leitor, gerar uma diferença na rede de percepção coletiva. Nesse sentido, formas que tendem a se diferenciar da tradição podem ser úteis, se utilizadas na devida medida.

Sobre essa dicotomia, Gerard Unger reitera o fato de existirem diferentes modos de leitura e que, tanto o desenho de tipos quanto sua aplicação, costumam ser projetados tendo em vista diferentes funções:

> [...] de um lado, algumas poucas palavras podem ser lidas de imediato – algumas vezes, sem que sequer queiramos lê-las – e do outro, temos textos que requerem uma leitura longa e atenta. Não é fácil para os leitores manter esses dois mundos separados, simplesmente porque eles frequentemente vêm juntos, como embalagem e substância: como na capa e conteúdo de um livro, por exemplo. E, em revistas, eles são muitas vezes encontrados lado a lado, como títulos projetados de modo proeminente, sobre colunas de texto corrido sem obstrução. Torna-se difícil para leitores, tipógrafos e designers de tipos, ignorar os níveis de conservadorismo que a história parece ter lhes dado. Entretanto, na realidade, existem poucas pessoas totalmente progressistas, ou completamente conservadoras: combinações de conservadorismo e progressividade são comuns e variadas. [...] (UNGER, 2007, p. 40-41, tradução do autor.)

Embora vejamos, nesses e em outros exemplos de Unger, uma certa predileção pelo mercado editorial, parece ficar claro que, mesmo nesses casos, os limites entre esses dois modos de abordagem projetual não são absolutamente independentes. Em virtude do caráter ambíguo do termo "progressista", utilizado por Unger, preferimos chamá-lo de **renovador** – no sentido de modificar, de maneira sutil, elementos antigos, transformando-os em novos. No design de tipos, falar em algo novo é sempre muito relativo, pois não é possível desprezar o legado da história para as convenções de leitura, bem como a influência do repertório visual adquirido por meio dos tipos existentes. Mas, de certo modo, mesmo nos tipos para texto, é possível revitalizar o desenho do alfabeto por meio dos detalhes, mesmo quando mantida sua estrutura básica convencionada. As duas forças opostas – conservadorismo e renovação – parecem estar quase sempre presentes, em diferentes medidas, nas diversas situações de design e uso dos tipos. Um exemplo comparativo pode ser visto nas Figuras 1.8 e 1.9.

The quick brown fox
jumps over the lazy dog

Figura 1.8 – Um exemplo de design claramente conservador em tipos para texto. Sabon Regular (1967-1986), uma versão da Garamond, da fundidora alemã Linotype, feita a partir de cortes de Jacques Sabon. Projeto de Jan Tschichold.

The quick brown fox
jumps over the lazy dog

Figura 1.9 – Um exemplo de design que traz algo novo em tipos para texto, por meio dos detalhes pouco convencionais de serifas e terminais. Crete Thin (2007), da fundidora argentina Typetogether. Design de Veronika Burian.

Se olharmos pelo ponto de vista da função (no sentido amplo), parecem existir dois vetores que repetidamente se cruzam num mesmo espaço gráfico. De um lado, temos o design que privilegia a **transparência,** ou seja, o acesso mais rápido e com menor esforço possível ao conteúdo. Nesses casos, o caráter conservador e o peso da tradição na atividade projetual parecem ser maiores. Do outro lado, temos o design que privilegia a **presença,** ou seja, aquele que visa gerar interesse, seduzir, atrair o foco perceptivo para uma determinada mensagem. Nesse sentido, formas menos convencionadas pela tradição do livro impresso parecem encontrar maior espaço para se manifestar, sendo, em muitos casos, fundamentais para cumprir sua função comunicativa. A capacidade de promover o intercâmbio entre esses dois modos de percepção – o **ver** e o **ler** – parece ser o que torna grande parte dos projetos de design gráfico realmente interessantes, e no design de tipos não parece ser diferente.

Com as facilidades na produção tipográfica, provocadas pelas mudanças tecnológicas ocorridas nas últimas décadas, atualmente vemos um número enorme de novos tipos *display* sendo lançados no mercado todos os meses. A quantidade de tipos para texto de imersão também aumentou consideravelmente, de modo que, mesmo nesses casos, algumas particularidades no projeto das famílias também são desejáveis, embora ocorram de maneira muito mais sutil. A ideia de transparência absoluta, em si mesma questionável, parece não encontrar mais tanto espaço, num mercado internacional ávido pela diferença.

1.4 Especificidades do design de tipos digitais

Muito embora a atividade do design de tipos físicos exista desde o século XV e mantenha muito mais pontos de convergência do que de divergência com nosso objeto de estudo, aqui delimitaremos nosso recorte a partir da atividade do design de tipos digitais. Entendemos o design de tipos digitais como atividade de interesse específico, pois este é possibilitado pelos equipamentos técnicos da era da informática, que desencadearam mudanças sensíveis no modo de fazer fontes tipográficas, no tempo de desenvolvimento e difusão desses produtos, bem como em suas propriedades constitutivas.

Na tipografia com matrizes físicas, o processo de mecanização da escrita é uma das principais características que a diferencia de outras técnicas correlatas. Desde seu surgimento, sua lógica de construção dos tipos de metal e madeira é modular – cada glifo é gravado em um bloco retangular e a justaposição de diferentes combinações desses blocos forma as matrizes de impressão. Na tipografia física, essa limitação material dos tipos móveis era uma realidade intransponível – ela definia os limites em que uma composição tipográfica poderia se organizar, dentro de uma grade de construção relativamente rígida. Gerrit Noodzij sintetiza a questão do seguinte modo:

> Os retângulos de letras de um mesmo tamanho de corpo podiam ser compostos em linhas. As letras podiam ser espacejadas, mas os retângulos rígidos, de metal ou madeira, não podiam se superpor. Desde a introdução da fotocomposição eles podem, já que agora os retângulos se tornaram imaginários. [...] Fundidores de tipos e compositores poderiam apontar para os sólidos que desapareceram, mas para o designer, o retângulo sempre foi imaginário. (NOORDZIJ, 2000, p. 4, tradução do autor.)

A observação do autor se dá em função de um profundo conhecimento acerca do design de tipos. Sabe-se que o que importa para a leitura não é a grade invisível que separa os glifos, mas o modo como se organiza o ritmo entre formas e contraformas no texto percebido/visível – ritmo esse projetado pelo designer e produtor de tipos. Mas é fato que, a partir da difusão da fotocomposição, mesmo essas regras puderam começar a ser "burladas" pelos designers compositores, possibilitando a criação de espacejamentos negativos, superposições e outros malabarismos gráficos nem sempre muito funcionais para a leitura, mas que, em certos casos, podem gerar interesses particulares. Na tipografia digital essa liberdade ficou ainda mais enfatizada pelos *softwares* de edição de texto e diagramação.

Com a tipografia digital, o design de tipos pôde ganhar diferentes propostas, com uma quantidade de abordagens estéticas distintas sem precedentes. Considerando os formatos digitais no projeto de tipos, as propriedades materiais são inevitavelmente deixadas em segundo plano. Não queremos dizer, com isso, que a matéria deixe de existir, pois sem ela a tipografia não poderia se efetivar concretamente, seja por meio da tinta e do papel (ou outro suporte), seja por meio de raios luminosos e em constante movimento das telas de computadores, aparelhos televisivos, celulares e dispositivos de leitura eletrônica.

Mas com os arquivos de fontes codificados em algoritmos e com sua construção feita por meio das curvas vetoriais de Bézier, as fontes deixam de ser associadas a um material em específico (metal, madeira, ou filme) e passam a poder ser integradas a qualquer material, podem tomar a forma e o tamanho que for necessário, a partir de cálculos precisos.

A tipografia passa a ser encarada como *software* (ou como arquivos digitais) e, com isso, é aberta uma nova gama de possibilidades, não só no que diz respeito aos aspectos formais, mas também às inteligências computacionais embutidas nas fontes. Sob essa perspectiva, Smeijers enfatiza que:

> A transformação do tipo, de uma corporificação material fixa para o arquivo digital, nos abre outras possibilidades. As fontes tipográficas podem ser inteligentes. Podem ser feitas para modificar sua aparência randomicamente. Isso é apenas o começo para novas potencialidades. Os tipos inteligentes serão capazes de fazer muito mais do que simplesmente se autorrepresentar. [...] (SMEIJERS, 1996, p. 183, tradução do autor.)

A partir do surgimento do formato OpenType, em específico, já é possível embutir algumas "inteligências" simples em fontes tipográficas, como substituições automáticas de determinados pares de caracteres por ligaturas, substituições por desenhos de glifos alternativos para um mesmo caractere, letras caudais, diferentes estilos de algarismos, entre várias outras possibilidades gráficas, que já existiam na tipografia com matrizes físicas, mas que agora passam a exigir menos esforço intelectual e físico por parte do compositor. Essas ações podem ser programadas no arquivo digital, para que sejam facilmente acionadas, a critério de quem utiliza as fontes, no momento da composição do texto. Nesse sentido, amplia-se o escopo das preocupações e potencialidades envolvidas em projetos de tipos digitais. Entretanto, a operação efetiva dessa gama de possibilidades, presentes no novo formato, depende fundamentalmente do suporte fornecido pelos *softwares* gráficos amplamente difundidos, estabelecendo limites claros para o funcionamento de determinadas automações.

Quanto à realização processual da escrita, com o computador pessoal e ferramentas que possibilitam a execução de múltiplas tarefas, é dada ao designer a facilidade de experimentar novas soluções gráficas, visualizá-las em um monitor, apagar uma determinada ação com um simples toque de botões e refazê-la de outro modo, sem custos materiais adicionais. Para o designer de tipos, o ambiente digital também possibilitou algumas facilidades de operação. O tempo envolvido na produção de uma fonte também pôde ser reduzido, embora, em âmbito profissional, continue sendo grande, dada complexidade dos sistemas tipográficos.

Outra particularidade surgida com o design de tipos digitais foi a retomada da integridade do processo produtivo por parte do designer. Contrariando a lógica enfatizada pela revolução industrial, que separa o ambiente de projeto daquele da fabricação, com as tecnologias digitais passa a ser possível para o profissional atuar tanto no desenvolvimento das diretrizes gráficas que formam a identidade de um projeto tipográfico, quanto em sua produção efetiva que visa gerar uma fonte digital funcional (ou, em casos mais complexos, uma família com vários estilos derivados).

O fato é que se tornou possível para designers autônomos, ou mesmo para autodidatas, com equipamentos e *softwares* a preços relativamente acessíveis, ter contato com o mesmo aparato tecnológico utilizado por grandes empresas tradicionais especializadas. Com isso, ocorreu uma **democratização produtiva** no que diz respeito à concepção de novas famílias tipográficas. Ganhou-se liberdade, tanto do lado de quem utiliza tipos em projetos gráficos, quanto por parte de quem os projeta e fabrica.

Do mesmo modo, sua distribuição é amplamente facilitada pela sua reprodução potencialmente infinita e a não necessidade de se ter um estoque. Nos tempos da tipografia de metal, madeira e filme, como ainda acontece com qualquer produto de propriedades materiais, era necessário que as fundidoras tivessem um determinado número de fontes fabricadas e disponíveis em estoque, bem como uma logística altamente sofisticada para distribuição em diferentes partes do mundo, envolvendo o tempo de deslocamento físico desses produtos.

Com a tipografia digital, o desenho tipográfico original (*typeface*) e as fontes (por meio das quais a produção de textos é possível) se aproximam, pois passa a ser utilizado um mesmo dispositivo técnico para a concepção formal e sua fabricação como arquivos funcionais. O arquivo de fonte gerado, quando instalado em um sistema, passa a ser a própria origem de reprodução. Com a anulação definitiva das distâncias para comunicação interpessoal e transferência de dados entre computadores, várias dessas dificuldades operacionais são superadas, abrindo espaço para as propostas tipográficas autônomas, não apenas nos países centrais da economia, mas também nos países emergentes como o Brasil.

Em uma visão panorâmica das relações comerciais internacionais ao longo dos séculos, podemos notar alguns momentos de ruptura na relação com o tempo. No século XV, com as grandes navegações e o consequente início do processo de globalização, o deslocamento de um produto de um continente a outro, poderia demandar meses. Com o desenvolvimento tecnológico, esse tempo foi progressivamente reduzido, até que, com a aviação, no início do século XX, ele passou a ser contado em horas. Com a rede mundial de computadores, finalmente, um produto imaterial pode cruzar o mundo em uma fração de segundos.

Essa redução do tempo entre uma ação e uma reação, ou seja, o intervalo entre *input* e *output*, aproximando-se progressivamente do zero, cria uma nova relação com a realidade percebida. Todo modo de espera passa a ser percebido como uma falha, um entrave, um detalhe a ser removido da realidade, em favor da máxima eficiência operacional. Tendo em vista a tipografia como um recurso formal automatizado/mecanizado da escrita, e considerando seu novo paradigma tecnológico, as considerações de Lévy ganham consistência teórica, quando ele afirma:

> [...] A escrita era o eco, sobre um plano cognitivo, da invenção sociotécnica do tempo delimitado e do estoque. A informática, ao contrário, faz parte do trabalho de reabsorção de um espaço-tempo social viscoso, de forte inércia, em proveito de uma reorganização permanente e em tempo real dos agenciamentos sociotécnicos: flexibilidade, fluxo tencionado, estoque zero, prazo zero. (LÉVY, 1993, p. 114.)

Lévy usa o termo **escrita** para se referir às suas corporificações físicas, colocando a informática como um desdobramento da escrita histórica. Conforme já indicado, entendemos aqui a escrita em um escopo diferente, segundo o qual a informática pode englobar suas diferentes manifestações, inclusive e principalmente a tipográfica. Acreditamos que a informática serviu não para substituí-la, mas, ao contrário, para difundi-la ainda mais nesse novo contexto sociotécnico.

É importante notar a perspectiva visionária de Lévy, tendo em vista que suas considerações foram publicadas quando a Web, como conhecemos, existia apenas ainda em caráter embrionário. Assim, os mecanismos de comunicação, nesse início de século, tendem a relativizar as referências espaço-temporais, num constante fluxo de informações oferecidas. Na tipografia, podemos notar o crescente caráter efêmero de boa parte dos produtos, influenciados pela moda, tendo em vista o ritmo de produção mundial. Outros, por outro lado, resistem ao tempo, e permanecem sendo utilizados mesmo depois de muitos anos.

Sintetizando essas considerações, entendemos o design de tipos digitais como o desenvolvimento de fontes tipográficas, organizadas em arquivos eletrônicos, que podem ser instalados em sistemas operacionais de computadores e utilizados em diferentes *softwares* gráficos como ferramentas de apoio para outros projetos, por outros profissionais das áreas do design e da comunicação. Sua especificidade, portanto, se dá em função dos objetos desenvolvidos. As fontes tipográficas digitais são arquivos codificados que podem ser visualizados em uma tela, utilizados por meio do teclado e permitem dar saída em diferentes tipos de impressoras, ou equipamentos de pré-impressão. Não possuem limitação material em sua constituição original (como ocorria, por exemplo, nos tipos de chumbo e de madeira) e permitem a programação de ações "inteligentes" que podem ser aplicadas no momento da composição. Sua limitação, por outro lado, se restringe às propriedades constitutivas das curvas vetoriais de Bézier, às possibilidades dos *softwares* de criação e produção de fontes digitais e aos padrões do mercado de *softwares* gráficos.

Podemos dizer que, no âmbito profissional, para a concepção de uma fonte tipográfica dentro das tecnologias atuais, ou seja, no ambiente digital, é necessário, além dos desenhos de letras em caixa-alta, caixa-baixa, algarismos, sinais diacríticos, sinais de pontuação e sinais para-alfabéticos, a programação da métrica tipográfica em *softwares* de produção, bem como os ajustes de espaços vazios externos para cada caractere, os ajustes de *kerning* entre pares de caracteres específicos e a programação dos *hints* (dicas) – as instruções que possibilitam uma adequada renderização do texto em telas em diferentes tamanhos de corpo. Uma fonte tipográfica que atenda a diferentes padrões linguísticos internacionais envolve uma grande quantidade de caracteres a serem projetados, além de suas relações espaciais na composição de palavras e frases.

Condições e características tecnológicas e socioeconômicas do design de tipos digitais

2

Em um processo que se inicia na década de 1960 e se acelera a partir da década de 1980, algumas importantes mudanças tecnológicas começaram a surgir e a modificar progressivamente as rotinas de trabalho dos designers gráficos, bem como dos designers de tipos. Com as impressoras offset e de rotogravura, a qualidade de impressão pôde dar um salto considerável. Nos tipos fundidos, em seus equipamentos técnicos tardios – o Linotipo e o Monotipo –, a adesão da tinta no papel se dava por pressão, criando uma textura tátil característica. O desenho dos tipos deveria ser concebido tendo em vista essa realidade e limitação tecnológica. Com o desenvolvimento da impressão plana, deu-se um passo sutil na direção progressiva da desmaterialização da matriz.

A fotocomposição foi um importante salto tecnológico, que seria amplamente difundido na prática profissional. Representou um período de transição da tipografia em matrizes físicas para uma progressiva implementação dos formatos digitais. Sobre essa mudança tecnológica, Robert Bringhurst, aponta para a nova realidade que começaria a ser criada:

> A escolha de fontes era reduzida. E com o uso súbito e amplamente difundido dessas máquinas complexas, porém simplificadoras, veio o colapso final do antigo sistema de ofício dos aprendizes e das guildas. As máquinas de fotocomposição e os seus usuários mal tinham começado a dar conta dessas disfunções quando o equipamento digital apareceu para substituí-las. [...] em retrospecto a era da fototipia parece apenas um breve interregno entre o metal quente e a composição digital. No fim das contas, a inovação mais importante no período 1960-80 não foi a conversão das fontes para o filme ou para o metal, mas o advento dos computadores para editar, compor, corrigir o texto e comandar as últimas gerações das máquinas de composição. (BRINGHURST, 2005, p. 155.)

A velocidade na produção gráfica dá um salto, reduzindo custos materiais tanto na fabricação de novos tipos quanto para aqueles que iriam usá-los. Mas é apenas com a tipografia digital no *desktop publishing* que uma efetiva disponibilização, em larga escala, da tecnologia necessária para a produção começa a se configurar. Com ela, novas empresas e profissionais autônomos puderam atuar criativamente numa área antes mitificada por muitos e restrita a uma pequena elite técnico-intelectual.

Nos primórdios da era digital, já em 1975, as famílias Marconi, de Hermann Zapf, e Demos, de Gerard Unger, foram os primeiros desenhos tipográficos originais traduzidos para a nova tecnologia dos computadores. Utilizando o sistema Ikarus, desenvolvido pela empresa URW em 1973, esses primeiros tipos digitais eram descritos em linhas de contorno, a partir de equações matemáticas simples, e renderizados em pixels, nos seus diferentes tamanhos de corpo. Essa tecnologia possibilitou a saída em diferentes equipamentos que utilizavam computadores, como impressoras matriciais, *plotters* e equipamentos de recorte para sinalização.

Durante alguns anos, outros sistemas de construção tipográfica digital concorreram em paralelo, até serem progressivamente substituídos pelos métodos que utilizam curvas de Bézier cúbicas e quadráticas. Vivemos em um momento histórico de ampliação dessa área específica do design, com um grande número de profissionais, incluindo alguns brasileiros, trabalhando exclusivamente no desenvolvimento de novas famílias tipográficas. Isso se torna possível, entre diversos outros fatores, pela difusão dessas novas tecnologias nas últimas décadas. Com isso, novos agentes surgem e passam a constituir um novo sistema de produção, tanto no que diz respeito aos aspectos tecnológicos quanto de mercado.

2.1 O computador pessoal/*desktop publishing*/formatos digitais

Entre os equipamentos técnicos que permitiram as mudanças no modo de produção e distribuição de fontes tipográficas, podemos afirmar que a invenção do computador pessoal foi determinante para tal fenômeno. Com a criação, em especial, das interfaces gráficas de sistemas operacionais, baseados na metáfora do escritório, o computador pôde, efetivamente, começar a fazer parte do universo projetual dos designers. A concepção do computador pessoal pronto para usar, em oposição àqueles anteriores, cujo principal interesse seria a montagem e programação, foi determinante para as mudanças na relação dos designers gráficos com as ferramentas de projeto. Desse modo, podemos dizer que o Apple Macintosh, lançado em 1984, é um marco definitivo para a concepção da chamada informática amigável, em vigência até a atualidade. Auxiliado pela difusão de impressoras de baixo preço, o Apple Macintosh encontrou suporte para se tornar um "elo essencial de uma cadeia de publicação auxiliada por computador" (LÉVY, 1993, p. 50).

Com a rápida difusão desses equipamentos (*hardwares*) e seus programas (*softwares*), os designers passaram a poder operar várias ferramentas em um mesmo dispositivo técnico. Além disso, com a possibilidade de edição e visualização de conteúdos gráficos, na tela, em tempo real, abriu-se um novo caminho para experimentações a baixo custo operacional e com tempo de execução sensivelmente reduzido. Com os primeiros programas de edição e construção de arquivos de fontes tipográficas digitais no *desktop*, em especial o Fontstudio, da extinta Letraset, e o Fontographer, da também extinta empresa Altsys, logo uma nova geração de designers surgiria, com experimentos formais sem precedentes em termos quantitativos. Mais tarde, já na década de 2000, outro programa passaria a dominar o mercado – o Fontlab Studio, da empresa Fontlab Ltd. Acerca desse tema, Farias afirma que,

> O advento de novas tecnologias da escrita e da impressão, como o desenvolvimento das técnicas de fotocomposição (a partir do final da 2ª Guerra), as letras transferíveis (1957), as copiadoras eletrostáticas (1959), e principalmente o *desktop publishing* (1984), fez crescer o interesse pela tipografia. Até muito pouco tempo, contudo, o campo "oficial" do design de tipos era reservado a poucos especialistas. Uma prova disso é a constatação de que as inovações tipográficas surgidas em contextos de experimentação, pelo menos até a década de 80, são inovações muito mais ligadas a usos não tradicionais de caracteres já existentes do que à criação de novas fontes. (FARIAS. 2000, p. 18.)

Desse modo, novas configurações produtivas começariam a se organizar. É nesse contexto técnico que surgem algumas das primeiras *digital type foundries*, fornecendo fontes digitais para diferentes usos.

No início da década de 1980, o principal interesse seria desenvolver fontes para uso nas telas de baixa resolução dos computadores existentes até então. As fontes *bitmap* seriam adequadas para essa situação de uso e suas formas eram definidas por um mapa de *pixels* para cada caractere, em cada tamanho em que seriam exibidas na tela. Na impressão, entretanto, seu aspecto seria bastante precário quando ampliado a grandes tamanhos. Com o surgimento dos formatos de fontes em arquivos vetoriais escalonáveis, passou-se a desenvolver também fontes que pudessem ser utilizadas adequadamente na impressão, por meio de instruções matemáticas precisas que preservariam as formas das letras, em diferentes tamanhos, quando impressas. Para tanto, os computadores da Apple utilizariam o formato PostScript Type 1, desenvolvido e patenteado pela Adobe.

Em 1985, a Apple adotou o sistema de descrição PostScript em suas primeiras impressoras *laser*, juntamente com o programa de diagramação PageMaker. Com uma rápida difusão, em pouquíssimo tempo o PostScript se tornaria um padrão de mercado, revolucionando a indústria gráfica mundial.

No final da década de 1980, a Apple desenvolveu um novo formato em paralelo, o TrueType, que faria sua estreia em 1991, no seu sistema operacional Mac OS 7, e seria adotado também pela Microsoft, logo depois, em seu sistema operacional Windows 3.1.

Alguns anos depois, ambos os formatos passaram a ser utilizados, tanto pela Microsoft, a partir do Windows 2000, quanto pela Apple, a partir do Mac OS X. Entretanto, a necessidade de pagar *royalties* a um de seus principais concorrentes motivaria a Microsoft a desenvolver sua própria tecnologia de fontes, chamada inicialmente de TrueType Open. Em 1996 a Adobe juntou suas forças à empresa de Bill Gates, integrando as instruções de *outlines* PostScript no novo formato, finalmente rebatizado de OpenType.

Alguns acordos entre as principais empresas desenvolvedoras de *software*, e o aperfeiçoamento do novo formato nos anos subsequentes, faria com que, a partir de meados da década de 2000, o OpenType se tornasse o principal padrão da indústria tipográfica. Isso se deu, de um lado, pela questão da compatibilidade: o formato OpenType passou a ser compatível com ambos os principais sistemas operacionais do mercado (Mac OS e Windows), de modo que um mesmo arquivo de fonte pudesse ser instalado em diferentes plataformas, sem a necessidade de codificação específica de diferentes arquivos para cada sistema. Também no sentido da compatibilidade, um arquivo OpenType pode incluir tanto instruções TrueType (de curvas quadráticas) quanto instruções PostScript (de curvas cúbicas). Num outro sentido, o OpenType possibilitou a programação de algumas funcionalidades e variações formais de glifos, que podem ser projetadas previamente e automatizadas num mesmo arquivo de fonte, tais como: ligaturas, frações, diferentes estilos de numerais, substituição contextual por glifos com desenho alternativo, substituição por versaletes e a possibilidade de um amplo suporte para diferentes sistemas linguísticos.

Ao longo das últimas duas décadas, a tecnologia de fontes escalonáveis para impressão permaneceu essencialmente a mesma, com pequenos refinamentos técnicos. No que diz respeito à visualização na tela, foram desenvolvidas as tecnologias de *hinting*. Tratam-se de instruções programadas no momento do projeto, que determinam um comportamento previsto para a visualização das fontes, que pode variar consideravelmente em diferentes sistemas de renderização.

2.2 Tipos digitais e novas mídias

Como sabemos, a tradição no design de tipos ao longo de seus cinco séculos foi construída em uma relação estreita com o universo da impressão. As relações materiais entre os leitores e os objetos gráficos nunca estiveram limitadas ao visual, embora saibamos que este ocupe o papel de protagonista entre os sentidos. Na impressão, os métodos utilizados, os pigmentos, os suportes e os acabamentos contam tanto quanto o desenho tipográfico em si. A tipografia sempre se inseriu nesse contexto técnico. Foi apenas com as produções videográficas e, pouco depois, com as interfaces gráficas digitais, que o desenho tipográfico deixou sua relação com a matéria pigmento, para entrar numa nova relação com a matéria luz. Com os formatos digitais, a tipografia deixou uma existência materialmente palpável, para entrar em uma outra, em *bits*. Na tela, a troca de impulsos eletroquímicos, que existe na relação tátil com o papel e olfativa com a tinta, dá lugar a uma relação puramente visual com as unidades mínimas de cor luz (RGB) e, finalmente, com sua materialização final nos monitores de computadores, em *pixels*.

Como vimos anteriormente, essa relação e a necessidade de adaptar as antigas fontes tipográficas às novas tecnologias, deram origem à tipografia digital. Atualmente, as fontes tipográficas contêm instruções para que funcionem tanto na saída em impressoras e equipamentos de pré-impressão, quanto na visualização na própria tela – seu ambiente original no qual é projetada. Historicamente, sabemos que raramente uma nova tecnologia substitui por completo uma anterior, e sim fornece novos subsídios e, consequentemente, acrescenta novas possibilidades. Como a indústria da impressão permanece funcionando plenamente, a tipografia digital teve de se adequar a essa realidade e a maior parte do mercado de novas fontes continua voltado para esse fim. Por outro lado, com diferentes interfaces gráficas digitais cada vez mais disseminadas, a tipografia voltada para a leitura em telas pode ser um campo cada vez mais explorado.

Nos dispositivos móveis como o aparelho celular, o aumento progressivo na resolução das telas começa a reduzir os limites de aplicação tipográfica. Em telas de 1 *bit* (geralmente preto e branco), o desenho das chamadas fontes *bitmap* teve seu papel fundamental nessa transição. Com as novas telas com maior profundidade de cor, o texto pode ter seus contornos suavizados e, com isso, começa a se aproximar do resultado visual obtido na impressão. O mesmo princípio ocorre nas telas de computadores *desktop* e *laptop*, bem como nos *tablets* e dispositivos de leitura que começam a surgir, também chamados de leitores, como o Amazon Kindle, a linha Sony PRS e o Apple iPad. O avanço tecnológico nesse sentido, faz com que os designers de tipos tenham de se preocupar cada vez mais com os diferentes modos de aparecimento de suas fontes nas telas, em diferentes tecnologias de renderização de texto.

Outro debate muito recente nesse sentido diz respeito à ampliação do uso de fontes em páginas da Web. Embora as fontes digitais sejam encaradas como *software*, existem problemas quanto à sua distribuição, pois os modelos de licenciamento atuais não preveem a disponibilização dos arquivos em servidores de acesso público – necessários para que uma fonte que não é padrão dos sistemas operacionais seja lida corretamente na rede. No entanto, soluções paliativas estão sendo desenvolvidas nesse sentido – todas em fase de testes e de exploração de mercado.

2.3 Novas configurações de mercado

Para compreendermos o contexto no qual o Brasil começa a consolidar sua produção de tipos digitais e a se inserir em um quadro internacional, se faz necessário conhecermos alguns dos principais atores pioneiros no design de tipos digitais, que impulsionaram esse mercado ao longo da década de 1980 e 1990. É o caso da empresa Bitstream Inc., conhecida por ter sido a primeira a ser nomeada como uma fundidora de tipos digitais (*digital type foundry*) – termo este que seria amplamente difundido nos anos subsequentes. A empresa foi fundada em 1981 por Matthew Carter e Mark Parker, na pequena cidade de Marlborough, no estado de Massachusetts, Estados Unidos. A Bitstream atenderia uma demanda de mercado, desenvolvendo versões digitais de vários tipos tradicionais. Em virtude de questões legais do direito autoral americano, suas primeiras fontes foram lançadas com nomes diferentes em relação aos desenhos originais em que foram baseadas. Posteriormente a empresa desenvolveria também tipos de desenho inédito, ampliando seu catálogo. Ao longo dos anos subsequentes, a Bitstream se tornou uma grande empresa de tecnologia, de capital aberto na Nasdaq. É a proprietária do portal MyFonts que, na década de 2000, se tornou um dos maiores e mais receptivos distribuidores de fontes no mundo, possibilitando a entrada de vários designers de tipos brasileiros no mercado internacional.

Com uma importância histórica semelhante, podemos citar a fundidora digital Emigre, fundada em 1984 pelo casal Rudy VanderLans e Zuzana Licko, na cidade de Berkeley, estado da Califórnia, Estados Unidos. Além de estar diretamente envolvida com a produção de tipos inéditos para as tecnologias de *desktop publishing* dos computadores Macintosh, a Emigre exerceu uma importante influência sobre designers de tipos em todo o mundo, especialmente na década de 1990. Isso se deu, principalmente, por meio da publicação de sua revista homônima, a partir do mesmo ano de sua fundação. A revista teve, ao todo, 69 números publicados, entre 1984 e 2005. Com estética e conteúdo questionadores, a revista Emigre logo se tornaria uma referência para a nova geração de designers de tipos que surgiria nos anos de 1990, ao lado de outras revistas sobre cultura visual como a Eye Magazine, Communication Arts, Fuse e a científica Visible Language.

Pouco depois, entre os anos de 1988 e 1990, Erik Spiekermann e sua esposa Joan, juntamente com Neville Brody, criaram a distribuidora FontShop International. Criaram também a fundidora digital FontFont, convidando jovens designers de tipos para fornecerem produtos para seu catálogo. Entre eles podemos citar os próprios fundadores, além de alguns designers europeus como Peter Bil'ak, Erik van Blokland, Just van Rossum, Fred Smeijers, entre vários outros. Em pouquíssimo tempo, a FontShop se tornaria uma das maiores e mais respeitadas empresas revendedoras de fontes no mundo, incorporando os catálogos de outras fundidoras digitais associadas. É uma empresa multinacional, com sede em São Francisco, Estados Unidos, e filiais na Alemanha, Áustria, Bélgica e Austrália. A penetração de fontes brasileiras com esse distribuidor ainda é pequena, embora crescente. Isso acontece, em certa medida, pelos rígidos critérios de seleção para o estabelecimento de parcerias, diferentemente de outros revendedores que surgiriam depois, como a T-26 (na década de 1990) e MyFonts (na década de 2000) com estruturas mais modestas e políticas mais abertas para a inclusão de novos tipos com diferentes propostas estéticas.

Paralelamente a essas iniciativas pioneiras, algumas empresas de maior tradição tipográfica, como a Monotype Corporation, a Linotype GmbH e a International Typeface Corporation (ITC), migraram para a nova realidade digital, adaptando seu acervo de fontes para os novos formatos, mantendo também uma posição privilegiada no fornecimento desses produtos. Pelo fato de essas empresas possuírem os direitos intelectuais de grande parte dos tipos "clássicos", passaram a apostar muito mais no licenciamento de famílias tipográficas para as quais já havia grande demanda por parte dos designers gráficos na era pré-digital do que no desenvolvimento de tipos de desenho inédito. Por outro lado, essas empresas passaram a comercializar também alguns tipos desenvolvidos já na era digital, por designers de todo o mundo, sendo alguns deles brasileiros, como veremos adiante, no Capítulo 3.

A história dessas empresas na era digital passou por uma série de fusões e mudanças de nome. Em 1986 a ITC comprou a Letraset – empresa que ficou mundialmente conhecida pelo fornecimento de letras transferíveis. Em 1999, a Monotype Corporation foi comprada pela multinacional Agfa-Compugraphic, mudando seu nome para Agfa Monotype. Logo depois, em 2000, a Agfa Monotype incorporou a ITC. Em 2004 foi novamente comprada pela megacorporação norte-americana de investimentos de capitais TA Associates, mudando de nome mais uma vez para Monotype Imaging. Em 2007 a nova Monotype Imaging comprou também a Linotype GmbH. Com isso, essas três empresas tradicionais finalmente se tornaram parte de uma mesma corporação, embora continuem mantendo suas marcas e sedes individuais nos Estados Unidos e na Alemanha.

Em pouco tempo, centenas de outras fundidoras digitais independentes viriam a surgir em todo o mundo, ampliando consideravelmente a quantidade de tipos de desenho inédito fornecidos para licenciamento e uso pelos designers gráficos.

2.4 A internet como meio de difusão de produtos

A distribuição comercial de tipos digitais em âmbito internacional teve início muitos anos antes da criação da internet, utilizando meios de comunicação tradicionais como o telefone e o correio. Mas sua implementação, aos poucos, fez com que a difusão da produção de designers de tipos independentes (incluindo os brasileiros) ganhasse outras proporções.

Embora a internet tenha sido construída, inicialmente, para fins militares, é com sua difusão pelo mundo, fazendo uso da chamada *Word Wide Web*, que finalmente ganhou interesse público. A partir do ano de 1993, com a introdução do navegador Mosaic e, pouco depois, em 1994, com o Netscape

Navigator 1.0, o compartilhamento de documentos hipermídia, contendo textos, imagens e sons, passa a ser utilizado em larga escala, por meio de conexões remotas entre computadores, utilizando as linhas telefônicas. A lógica do hipertexto e de seu sistema de navegação entre diferentes páginas por meio de *hiperlinks* foi determinante para que essa disseminação fosse possível. No mesmo ano de 1994, diferentes serviços e produtos já seriam oferecidos, utilizando a rede mundial de computadores como mídia auxiliar.

É nesse novo contexto técnico que surgem fundidoras como as norte-americanas House Industries e T-26, publicando trabalhos experimentais de alta qualidade técnica e catálogos impressos que logo ganhariam o gosto de grande parte dos designers. Durante a segunda metade da década de 1990, as vendas de fontes aconteciam de maneira híbrida, utilizando a internet, o telefone e o correio convencional para entregas. As fundidoras apostavam no refinamento de seu material impresso, que viria acompanhado de disquetes com os arquivos para instalação.

Mas foi apenas no início da década de 2000 que o modelo de negócios baseado na Web começaria a dominar amplamente o mercado tipográfico. Com o aumento progressivo das velocidades de conexão e transmissão de dados, o comércio eletrônico, nesse âmbito, apresentaria algumas vantagens. Pelo fato de o produto final ser um arquivo eletrônico, este não sairia de seu meio original – os discos rígidos dos computadores. Tendo isso em vista, reduziu-se também o tempo de entrega. Pelo fato de os produtos não serem mais enviados pelo correio, mas sim através de uma interface eletrônica, permitiu-se o *download* imediato. A facilidade e a velocidade das vendas puderam encontrar espaço para um fluxo de dados e de capitais em outras proporções. A divulgação dos produtos, também baseada na Web, reduziria sensivelmente os custos envolvidos, antes ancorados na publicação e envio de catálogos impressos.

No congresso da ATypI (Association Typographique Internationale) de 1999 foi anunciado o surgimento do distribuidor MyFonts, vinculado à sempre pioneira Bitstream, entrando em atividade na Web efetivamente em 2000. Apoiado no comércio eletrônico, o novo modelo apresentava algumas diferenças em relação aos demais. Várias fundidoras poderiam apresentar seus produtos em um mesmo espaço de vendas *online*, concorrendo diretamente entre si. Outra característica do MyFonts foi a abertura para diferentes propostas estéticas, muitas vezes antagônicas, pouco selecionando o que deveria ser publicado.

Ofereciam um alto percentual de *royalties* para os designers e fundidoras, acima do padrão de mercado até aquele momento – o que possibilitou o surgimento de centenas de profissionais autônomos vendendo seus produtos sob uma nova marca, em vez de vincular sua produção a uma fundidora já existente.

Quando nos referimos a uma nova marca, é importante ressaltar que grande parte das fundidoras digitais que vemos no mercado hoje não são necessariamente empresas. Em muitos casos, e especialmente nos países de economia ainda pouco desenvolvida, um designer de tipos cria sua própria "fundidora" pessoal, assinando seus contratos de distribuição como designer autônomo, mas apresentando seus produtos sob um nome fantasia que facilite a assimilação internacional. A fundidora, nesses casos, nada mais é que um nome, uma marca, um domínio registrado na internet e um designer (ou um grupo de designers) com equipamentos e conhecimentos necessários para projetar e produzir fontes próprias.

Rapidamente muitas empresas e designers independentes se associariam a esse modelo de distribuição. Outros distribuidores anteriores ao MyFonts, como a FontShop, continuariam suas atividades em paralelo, embora com políticas de publicação mais conservadoras, apostando na imagem da alta qualidade técnica e estética de seus produtos. Pouco depois, em 2001, a Agfa Monotype (atual Monotype Imaging) lançaria sua loja eletrônica Fonts.com.

É importante notar que, mais do que simples mudanças pontuais na tecnologia envolvida na atividade do design e distribuição de tipos, bem como nos sistemas de comunicação, estamos entrando em um novo modo de organização de forças de mercado, ancorado nas interfaces digitais, que rapidamente estabelece sua própria lógica de funcionamento. Nesse sentido, Lévy aponta que,

> Basta que alguns grupos sociais disseminem um novo dispositivo de comunicação, e todo o equilíbrio das representações e das imagens será transformado, como vimos no caso da escrita, do alfabeto, da impressão, ou dos meios de comunicação e transporte modernos. Quando uma circunstância como uma mudança técnica desestabiliza o antigo equilíbrio das forças e das representações, estratégias inéditas e alianças inusitadas tornam-se possíveis. Uma infinidade heterogênea de agentes sociais exploram as novas possibilidades em proveito próprio (e em detrimento de outros agentes), até que uma nova situação se estabilize provisoriamente, com seus valores, suas morais e sua cultura locais. (LÉVY, 1993, p. 16.)

A partir de meados da década de 1990 e, especialmente, da década de 2000, novas empresas se estabeleceriam, outras ampliariam seus catálogos de fontes disponíveis, utilizando a rede mundial de computadores como principal meio de negócios. Os grandes revendedores de fontes digitais se tornaram lojas virtuais, em que se pode buscar, testar, comprar e baixar fontes licenciadas para uso em computadores pessoais. No que diz respeito às fontes em catálogos, a Web se tornou o principal meio de fluxo de dados e de capitais envolvidos nesse mercado. Em decorrência da própria natureza dos arquivos digitais, de reprodução imediata e em número indeterminado de cópias, sem qualquer custo envolvido nessa tarefa, a comercialização de arquivos eletrônicos trouxe algumas vantagens em relação aos produtos físicos, bem como novos dilemas a serem solucionados, como a consequente disseminação de cópias ilegais.

2.5 Crescimento da produção/comercialização

As facilidades da era digital trouxeram para a tipografia, assim como para outros campos de produção de bens culturais, uma maior democratização do conhecimento produtivo e uma consequente ampliação mercadológica. Nesse sentido, aparecem novos profissionais atuando no meio e em quantidade visivelmente maior que nas décadas anteriores à existência do computador pessoal e das interfaces gráficas dessas máquinas.

Atualmente, o mercado internacional de tipografia digital é um nicho de atuação de designers que cresce visivelmente a cada dia. Com as facilidades de comunicação estabelecidas pelas novas tecnologias, os designers de tipos brasileiros passam a ter uma maior facilidade de se inserir num mercado que é global. Desse modo, faz sentido considerar alguns agentes que possibilitam a difusão de parte da produção brasileira nesse sentido, especialmente nos Estados Unidos e na Europa, onde a demanda pelo licenciamento de tipos inéditos é visivelmente maior do que em nosso mercado interno.

Se tomarmos como um exemplo o mercado de varejo (*retail fonts*), ou seja, o desenvolvimento e comercialização de fontes tipográficas de uso não exclusivo para diferentes profissionais em pequenas quantidades, vemos que o crescimento da produção dos designers desse segmento e suas consequentes implicações econômicas e culturais andam a um passo muito mais largo do que as análises críticas a esse respeito.

Observando o portal MyFonts.com – atualmente um dos maiores revendedores de fontes no mundo em termos de volume e que abarca uma grande quantidade de tipos feitos por designers brasileiros – pudemos levantar algumas informações relevantes em seu banco de dados público.[2] No que diz respeito às fontes brasileiras distribuídas por esse canal de vendas, podemos observar um crescimento quantitativo considerável ao longo de 9 anos. Até o mês de junho de 2010, o total de fontes nacionais disponíveis no MyFonts somaram 835, o que demonstra que essa empresa norte-americana se tornou um importante agente na difusão de nossa produção tipográfica comercial de varejo em âmbito internacional. O ritmo da produção brasileira distribuída por seu canal de vendas *online* pode ser visto na Figura 2.1.

2 Disponível em: <http://new.myfonts.com/search/brazil/fonts/>. Último acesso em: 2 jan. 2010.

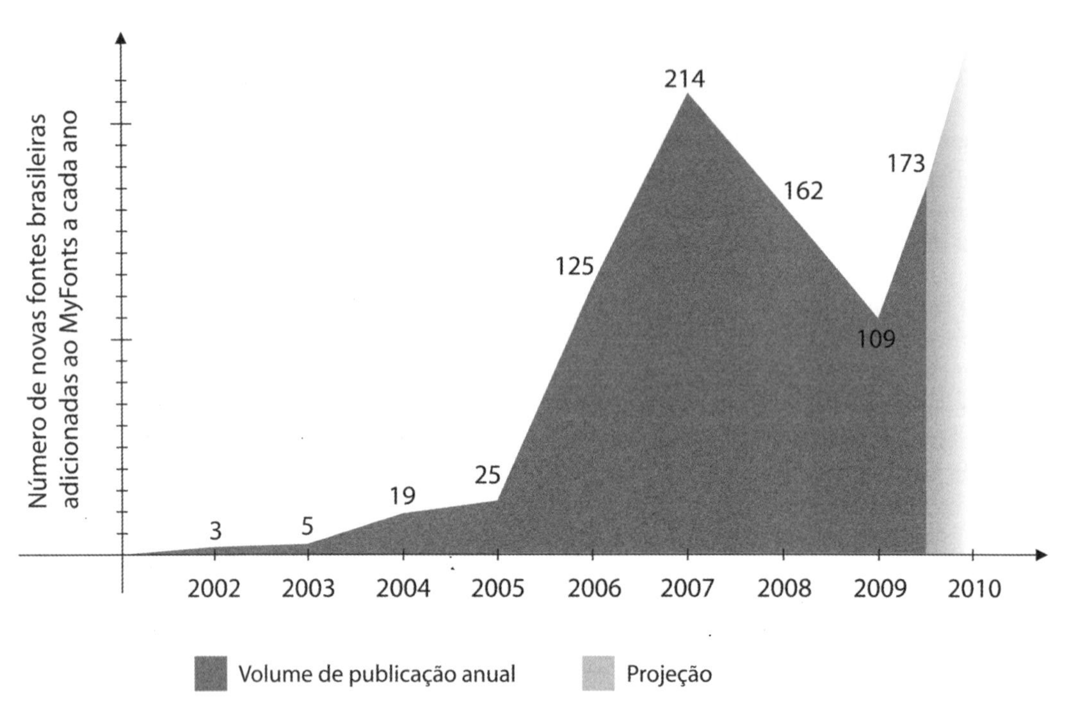

Figura 2.1 – Gráfico do ritmo de publicação de fontes brasileiras no revendedor norte-americano MyFonts.

É possível observar um crescimento progressivo no ritmo de publicação nacional entre 2002 e 2005 e uma aceleração visível entre os anos de 2006 e 2007, atingindo seu pico em um momento de superprodução geral da economia mundial. O ritmo sofreu uma desaceleração no ano de 2008 – momento marcado pela crise econômica global – e continuou decaindo em 2009. Com uma menor quantidade de capital circulando nos Estados Unidos e na Europa e com o crescimento qualitativo dos tipos oferecidos, o mercado internacional, consequentemente, se torna mais exigente. No ano de 2010, o volume quantitativo na produção parece retomar um ritmo acelerado, com novos designers integrando esse canal de comercialização. Caso seja mantida a tendência observada nos primeiros meses de 2010, o volume total de fontes brasileiras distribuídas por esse revendedor logo deverá ter ultrapassado seu primeiro milhar.

2.6 Algumas tendências projetuais contemporâneas

Dentro do contexto da ampliação do design de tipos enquanto atividade, destacam-se aspectos que caracterizam algumas tendências projetuais contemporâneas. Um primeiro aspecto diz respeito a dois modos de atuação profissional: o design de tipos em catálogo e o design de tipos sob encomenda. Evidentemente, ambas as abordagens já existiam antes da tipografia digital, mas com ela ganham outras proporções, ou seja, passam a ser facilitadas e a contar com um número consideravelmente maior de profissionais atuantes.

Outros aspectos dizem respeito a tendências morfológicas, que foram possibilitadas ou ampliadas pelo uso dos computadores e dos arquivos codificados digitalmente, bem como por novas teorias e proposições estéticas. Uma das tendências morfológicas se caracteriza pela multiplicação de variações de um alfabeto em termos de peso, inclinação, largura, ocorrência com ou sem serifa etc., apontando para o desenvolvimento das **superfamílias tipográficas.**

Outra tendência morfológica diz respeito a novas caracterizações estilísticas. Com a grande produção e com a presença dos revendedores de fontes digitais, a variedade de abordagens projetuais de novos tipos nunca foi tão diversificada, tornando sua categorização bastante complexa. Os antigos modelos classificatórios baseados na tradição da tipografia do livro impresso tendem ser insuficientes para compreender a cultura visual contemporânea. Com as possibilidades intrínsecas ao hipertexto, a organização desses bancos de fontes passam a abarcar também a linguagem natural, baseada em palavras-chave de busca. É o que acontece, de fato, em sites de comércio eletrônico de fontes como o MyFonts, a FontShop e a Fonts.com (Monotype Imaging), que arbitram sobre suas próprias categorias, mas também permitem buscas por palavras determinadas pelo usuário, bem como pelos designers de tipos no momento da publicação de suas fontes. Para fins de análise, esse modo de operação, em conjunção com a liberdade projetual dos designers de tipos, torna uma classificação fechada tarefa bastante complexa, se não impossível.

A partir dos questionamentos acerca do paradigma moderno, diferentes referências estilísticas são frequentemente misturadas em um mesmo desenho tipográfico, com um nível de liberdade conceitual que hoje vemos com certa naturalidade, mas que há algumas décadas provavelmente não teriam a mesma aceitação dentro do repertório visual da sociedade ocidental. Esse nível de liberdade de criação fez com que começasse a aparecer um número cada vez maior de famílias tipográficas que não se enquadram perfeitamente em quaisquer das classificações canônicas, gerando um problema prático para uma indexação eficiente dessas produções em catálogos de fontes digitais. Sobre esse tema, Phil Baines e Andrew Haslam afirmam que:

> Hoje, tipos novos e incomuns são a maioria e o ritmo de fabricação é frenético. [...] Em termos de classificação, isso se apresenta como um pesadelo tanto prático quanto filosófico. Embora alguns críticos possam questionar até mesmo o direito de existência de muitos desses novos tipos, o propósito de qualquer sistema de classificação é registrar a prática real, e dela extrair algum sentido. Os sistemas baseados em Vox não mais refletem o que está acontecendo no "grande mundo mau" das práticas tipográficas. (BAINES; HASLAM, 2002, p. 47, tradução do autor.)

Nesse quadro, ganham peso tipos que apontam para a simulação da escrita manual, assim como os tipos que apresentam uma imprecisão planejada. É importante ressaltar que não temos, aqui, qualquer pretensão de estabelecer um novo quadro de classificação para a produção tipográfica contemporânea, mas apenas ressaltar uma realidade do mercado.

Fontes em catálogo e fontes sob encomenda

Um dos principais modos de atuação dos designers de tipos digitais é o desenvolvimento de novos desenhos de alfabetos e produção de fontes, visando à comercialização não-exclusiva de licenças de uso para terceiros. Essa é a abordagem que chamamos aqui de **fontes em catálogo.** Nesse sentido, com certa frequência, o processo de trabalho do designer de tipos se dá de uma maneira diferente do que estamos acostumados na programação visual, pois nem sempre se tem um *briefing* gerado a partir de um problema pontual de um cliente. Em muitos casos, ao contrário, as diretrizes iniciais de um projeto podem ser delimitadas pelo próprio designer, seja com a intenção de gerar tipos que funcionem para uma determinada situação hipotética, seja para gerar novas possibilidades gráficas a partir de uma lacuna ou uma tendência de mercado identificada. Os fatores que motivam os projetos de novos tipos podem ser dos mais diversos. Alguns são movidos por um resgate histórico, outros por uma razão pragmática de uso, outros tendem para a manifestação de uma expressão gráfica pessoal específica, entre tantas outras razões possíveis. Mas independente dos fatores motivadores, o que são gerados, por fim, são novos insumos que podem ser utilizados por outros designers que queiram dar aos seus trabalhos um caráter visual particular, de acordo com as características semânticas e pragmáticas de seus projetos. Dentro dessa abordagem, os designers de tipos desenvolvem produtos inéditos e os disponibilizam em seus catálogos, para o uso de outros profissionais, a partir da aquisição de **licenças de uso.** Essas aquisições podem ser feitas diretamente com as fundidoras digitais, ou com seus revendedores.

Vale salientar que, atualmente, o mercado de licenciamento de fontes no Brasil ainda é bastante pequeno se comparado com o dos países centrais da economia. Isso se dá tanto por questões econômicas quanto culturais. A ausência de uma tradição no design de tipos no Brasil pode ajudar a explicar o motivo pelo qual pouco se conhece a respeito dessa atividade projetual. Algumas iniciativas de exploração de mercado interno para fontes em catálogo já foram realizadas por grupos pioneiros, ao longo da década de 1990, como veremos adiante, no Capítulo 3. Entretanto, poucas dessas iniciativas persistiram por muito tempo e, atualmente, a aposta no mercado internacional parece ser o caminho seguido pela maioria dos designers de tipos brasileiros.

Para entender esse modo de abordagem projetual é importante notar que aquilo que sustenta esse mercado – que também podemos chamar de fontes de varejo – é a comercialização direta ou indireta desses arquivos digitais (a partir das licenças de uso), que podem ser instalados em computadores e utilizados com algumas restrições. Por não depender de uma encomenda externa, esse tipo de abordagem se tornou um campo aberto, tanto para projetos com características visuais conservadoras, quanto para caminhos mais experimentais no design de tipos, permitindo abarcar todos os nuances possíveis entre os dois extremos. Nesse sentido, independentemente dos conceitos difundidos sobre o que configura uma família tipográfica de boa qualidade, assim como das motivações e intenções dos designers de tipos, quem decide o que deve ser utilizado, em última instância, são os profissionais usuários dessas fontes oferecidas.

Para o designer de tipos oferecidos em catálogo, a relação de controle sobre seu projeto termina no momento da comercialização. Assim, mesmo que uma determinada família tipográfica seja desenvolvida com intenções de uso bem delimitadas e explicitadas, a perda do controle é inevitável, a partir do instante em que seu uso efetivo é realizado por outros profissionais com liberdade criativa. Portanto, o número de utilizações possíveis de uma família tipográfica, disponibilizada nesse mercado, tende ao infinito. Do mesmo modo, a concretização do uso, em projetos gráficos específicos, pode gerar novos *insights* para seu criador original, numa relação de mútua troca simbólica/cognitiva entre os designers de tipos e os designers gráficos.

É importante salientar que, na tipografia digital, atualmente encarada como *software* e, portanto, como produto com reprodução potencialmente infinita, o retorno comercial por parte dos designers de tipos se dá em função da comercialização das licenças de uso das fontes, segundo algumas convenções internacionais adotadas pelas chamadas fundidoras de tipos digitais e seus revendedores. Assim, em termos gerais, os direitos intelectuais sobre uma fonte digital permanecem com seu autor, que concede aos seus clientes os direitos de uso **não exclusivo** (no caso das fontes de varejo), ou **exclusivo** (no caso de grande parte dos projetos feitos sob encomenda). Esse modelo de negócios permite a sustentação da produção tipográfica profissional em âmbito internacional. Os termos das licenças de uso costumam variar entre diferentes fundidoras digitais, mas de modo geral, envolvem um número determinado de computadores em que uma fonte deverá ser instalada. No caso de grandes corporações, com uma grande rede de máquinas e de usuários, é comum adquirir licenças adicionais, proporcionais à quantidade necessária estimada. Em fontes comerciais, por motivos óbvios, costuma ser vetado o compartilhamento ou a redistribuição dos arquivos para terceiros (em alguns casos, com exceções para gráficas e birôs de impressão). Em termos gerais, costuma ser vetada a modificação na programação das fontes, a não ser quando o texto é convertido em curvas e passa a se configurar como um objeto gráfico vetorial, como no caso de logotipos e outros letreiramentos derivados. Com a impossibilidade de controle sobre o uso, os designers de tipos dependem, fundamentalmente, das boas práticas de seus clientes, no sentido de entender e respeitar as licenças de uso das fontes comerciais adquiridas em comum acordo.

Outro modo de atuação nessa área diz respeito aos tipos desenvolvidos a partir de uma encomenda externa, ou seja, projetos de novas famílias tipográficas em que se tem em vista um problema pontual de um terceiro. Com a democratização produtiva nas últimas décadas, é possível observar também um crescimento considerável no que diz respeito às fontes feitas sob encomenda. Os clientes, nesse caso, podem ser escritórios de design e *branding*, editoras, empresas desenvolvedoras de *software*, entre outras, que utilizam a tipografia como diferencial competitivo em relação aos seus concorrentes. Nesses casos, é bastante comum a encomenda de desenhos tipográficos exclusivos para uso de uma determinada corporação ou produto em sua identidade visual. A percepção da diferença no projeto e de sua singularidade visual, nesses casos, costuma ser fundamental.

Como exemplos de projetos multinacionais nesse sentido, que tiveram participações efetivas de designers brasileiros, podemos citar a família tipográfica Toyota, desenvolvida entre 2008 e 2009 para a identidade visual da empresa japonesa homônima pela Dalton Maag (DaMa), de Londres, com a participação do brasileiro Fabio Haag. Outro exemplo é o desenvolvimento da fonte tipográfica Unity (2009), pelo brasileiro Yomar Augusto, para aplicação exclusiva nos materiais esportivos da Adidas durante a Copa do Mundo de 2010. O projeto foi realizado enquanto o brasileiro trabalhava na empresa holandesa 180 Amsterdam e as formas tipográficas foram baseadas nos elementos gráficos da bola da Copa, a Jabulani.

Nesses casos, o modo de trabalho do designer de tipos se aproxima dos métodos de trabalho difundidos na prática da programação visual. Parte-se de uma encomenda externa, com critérios projetuais delimitados por uma situação de uso pontual. Nesses casos, o profissional tende a ter um maior controle sobre o uso final de seus tipos projetados, por ser estabelecida, com alguma frequência, uma relação próxima entre o projetista das fontes e aquele que irá aplicá-las, seja num projeto de identidade visual, num projeto editorial, num projeto de sinalização, ou numa interface gráfica digital.

A demanda por esse modo de ação projetual no Brasil está em franco crescimento, embora aquém, em termos quantitativos, em relação a outros países com maior tradição tipográfica e maior poder econômico. Alguns exemplos de fontes brasileiras feitas sob encomenda para o mercado interno poderão ser vistas no Capítulo 3.

As superfamílias tipográficas

A ampliação das variáveis de peso, largura, inclinação e estilo em uma família tipográfica já há algum tempo não é uma novidade. Um pioneiro nesse sentido foi o suíço Adrian Frutiger, que desenvolveu sua família sem serifa Univers, publicada pela extinta fundição Deberny & Peignot, em 1957. A Univers continha originalmente 21 fontes (atualmente são 63 ao todo), combinando diferentes pesos (seis variáveis), larguras (seis variáveis) e inclinações (duas variáveis). Frutiger criou também um sistema numérico próprio para a nomenclatura de suas fontes, mas, talvez pelo alto nível de abstração, essa numeração não foi adotada em larga escala em outras famílias semelhantes no mercado. O grande rigor técnico e estético da família Univers fez com que ela permanecesse entre as mais populares até os dias atuais – um trabalho que ultrapassou os limites do seu tempo.

O conceito de superfamília (*superfamily*), como ficou conhecido na comunidade tipográfica internacional, diz respeito a um conjunto de fontes lançadas sob um mesmo nome/marca comum e que são combinadas em diferentes famílias tipográficas, com diferentes classes estilísticas. Fontes pertencentes a uma superfamília costumam ter variações não apenas em peso, inclinação, largura e tamanhos ópticos, mas também em outras características formais, como a presença ou não de serifas e diferentes contrastes fino/grosso. Essas fontes possuem características de design comuns que permitem que sejam vistas como parte de um mesmo conjunto e que possam funcionar juntas, harmonicamente, em um mesmo objeto gráfico. As primeiras manifestações dessa tendência são creditadas a Lucian Bernhard e Jan van Krimpen (LO CELSO, 2000), com a família Romulus, desenvolvida a partir de 1930.

Na tipografia digital, um dos primeiros projetos envolvendo o conceito de superfamília foi a Lucida, criada a partir de 1984, por Kris Holmes and Charles Bigelow. Como outro marco importante no desenvolvimento dessa abordagem, podemos citar a superfamília Rotis, projetada por Otl Aicher em 1988.

Atualmente, o maior sistema tipográfico (em número de fontes) disponível no mercado profissional é a superfamília Thesis (1994-2000), criada pelo designer holandês Lucas de Groot. Trata-se de um sistema que foi composto inicialmente por três famílias – TheSans, TheMix e TheSerif. A primeira é uma família sem serifa, enquanto a última é sua versão serifada. A família intermediária – TheMix – é uma construção híbrida entre os dois desenhos. Cada uma delas possui oito pesos romanos e seus respectivos itálicos, totalizando 48 fontes. Posteriormente, a superfamília foi sendo ampliada e atualmente conta com mais de 300 fontes distintas.

Lucas de Groot ficou conhecido no Brasil após ter participado, na equipe liderada por Erik Spiekermann, do projeto de uma fonte tipográfica exclusiva para os títulos do jornal *Folha de S. Paulo*, em 1996, redesenhada em 2010, desempenhando assim um papel importante na história dos tipos digitais sob encomenda, aplicados em publicações brasileiras.

Esses e outros atores em muito influenciaram fundidoras independentes menores, fazendo com que uma grande gama de variáveis em uma família tipográfica, aos poucos, se tornasse desejável para os designers utilizadores de fontes. Mesmo que, em boa parte dos casos da produção independente, possa se questionar quanto eles se caracterizam adequadamente no modelo de superfamílias, o fato é que o fenômeno de percepção coletiva do que é esperado em um grande sistema tipográfico torna-se cada vez mais complexo.

Como exemplos de famílias tipográficas brasileiras com grande variação de pesos e estilos, podemos citar o sistema Elementar (Figura 2.2), projetado pelo carioca Gustavo Ferreira, e atualmente distribuído pela Typotheque; e a família Beret, projetada pelo paulista Eduardo Omine e distribuída pela Linotype.

Potencialidades estilísticas abertas pela tecnologia digital

Como mencionado anteriormente, com as novas tecnologias dos computadores e com as propriedades materiais não sendo mais um elemento limitador da fabricação de novos tipos, uma ampla gama de novas possibilidades técnicas e estéticas foram abertas. Foi nesse contexto que se inseriram fundidoras digitais como a Emigre, de Zuzana Licko e Rudy VanderLans, a partir década de 1980; a T-26, do designer Carlos Segura, a partir de 1994; e a Virus, de Jonathan Barnbrook a partir de 1997, entre tantas outras que incorporariam aos seus catálogos tipos experimentais em termos morfológicos, criados por diferentes designers.

A essas iniciativas específicas de mercado, se alia ainda a produção de designers de estilo desconstrutivo como David Carson que, embora nunca tenha sido designer de tipos, fundou uma distribuidora de tipos chamada Garage Fonts em 1993, e influenciou uma geração no sentido dos questionamentos estéticos acerca da legibilidade.

No sentido da experimentação, durante a década de 1990, em especial, em muitos casos a precisão formal dá lugar à exploração de potencialidades dos novos *softwares* de produção. As curvas vetoriais de Bézier atualmente possibilitam um

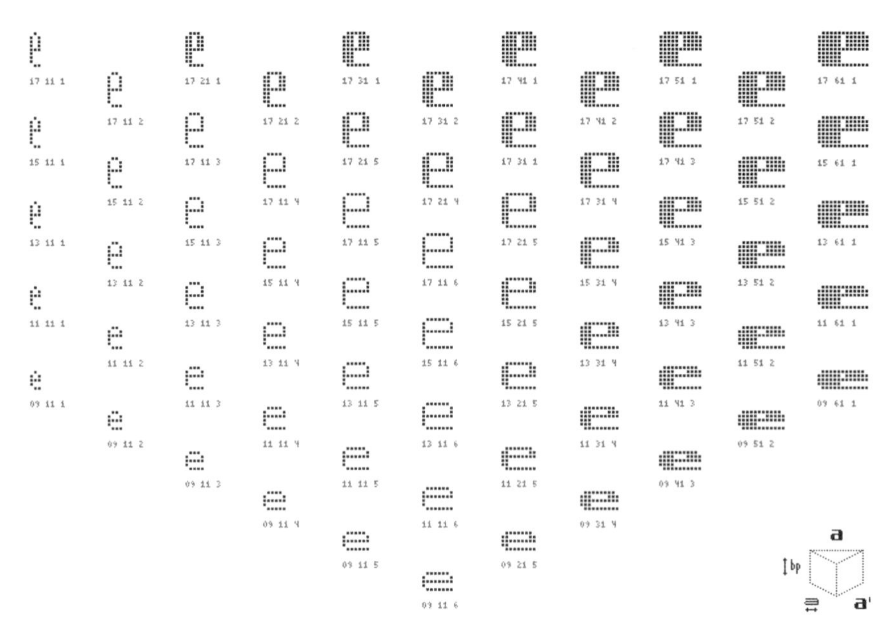

Figura 2.2 – Sistema Elementar, de Gustavo Ferreira, projetado para leitura em telas de baixa profundidade de cor (1 *bit*). Imagem cedida por Gustavo Ferreira.

número quase ilimitado de curvas em um arquivo de fonte, com alto nível de precisão. Com a superação dessas limitações, alguns designers de tipos se sentem estimulados a simular outros meios de produção, tais como as idiossincrasias da escrita manual e as imprecisões deixadas pela impressão de baixa tecnologia. Esse contexto técnico dá abertura também à estética da sujeira (grunge), ou ainda a erros simulados por meio de programação de dados. Essas tendências podem ser observadas no que diz respeito ao desenvolvimento de tipos *display*, onde a liberdade de experimentação formal se faz muito mais presente do que no caso dos tipos para texto de imersão.

Com o grande número de fontes existentes, num mercado global de fácil acesso e sem muitas regras rígidas, outras tendências projetuais/morfológicas poderiam ser observadas. Aqui, serão mencionadas apenas a duas identificadas como sendo mais recorrentes no mercado de fontes em catálogo, disponíveis em alguns dos principais distribuidores mundiais.

Tipos que simulam a escrita manual

Como o próprio título sugere, essa categoria de fontes se caracteriza pela simulação das estruturas formais presentes na escrita manual. É bastante comum encontrarmos tipos dessa natureza classificados como *script*, *handwriting* e *calligraphy*, apenas para citar os termos mais utilizados em diferentes bibliotecas de revendedores de tipos digitais. Trabalhos acadêmicos recentes, como o do autor Fabio Pinto Lopes de Lima (LIMA, 2009) – que assina seus projetos como Fabio Lopez –, se debruçam sobre a questão, levando e consideração questões construtivas como ferramenta, suporte e substância corante, bem como o movimento do traço.

Em alguns casos, essa simulação está associada à perícia manual, ao rigor do treinamento caligráfico e à ornamentação; em outros, à imprecisão do gesto do não especialista, ou mesmo ao erro intencional do calígrafo. Em relação a esse último caso, Lima sugere que:

> No ambiente digital – onde a precisão da tecnologia de reprodução é ainda mais impressionante – a estratégia adotada para a representação dos valores humanos é justamente a busca pelo que se opõe à principal característica do meio: a precisão. [...] A imprecisão (forjada ou autêntica) passou a constituir um valor representativo do universo da caligrafia, ou seja, a imperícia técnica acabou transformando-se

> em uma característica marcante da atividade. (LIMA, 2009, p. 85.)

Vale ressaltar que, por maior que seja o treinamento do especialista, a imprecisão é uma das características que particularizam a escrita manual (ou caligrafia, utilizando a categorização de Lima). Em oposição a ela estaria a tipografia tradicional e sua reprodução seriada e mecanizada/automatizada. Numa época em que quase tudo pode ser reproduzido com perfeição, a busca por características que simulem as limitações humanas parecem estar presentes em uma boa parte da produção de tipografia digital contemporânea.

Atualmente, esse tipo de abordagem é facilitado, em primeiro lugar, pela virtualização das métricas tipográficas. Na tipografia digital, as linhas que definem o início e o final de cada caractere (*sidebearings*) passam a ser virtuais, podendo estar posicionadas, inclusive, em um espaço negativo em relação ao desenho da letra. O mesmo acontece com o *kerning*, que passa a ser não mais um corte em uma peça metálica, mas um espaço positivo ou negativo programado para uma determinada combinação específica de letras, na qual a métrica regular não pode solucionar os problemas de espaçamento. Isso abre caminho, por exemplo, para uma facilitação no design de tipos cursivos com ligação direta entre caracteres, sem maiores limitações técnicas, pois uma forma pode se superpor a outra nos programas de edição de texto.

Na escrita manual, é sabido que uma letra real nunca é exatamente igual à outra, do mesmo modo como acontece com as ligações entre letras que, frequentemente, também possuem suas particularidades. A simulação dessas características é facilitada, atualmente, pelas possibilidades do formato OpenType, já mencionado anteriormente. Nos últimos anos da década de 2000, podemos observar uma proliferação cada vez maior de fontes dessa natureza em fundidoras digitais e seus revendedores, muitas delas obtendo ampla aceitação comercial. Dois exemplos brasileiros desse modo de abordagem são a fonte Fake Human (Figura 2.3), de Yomar Augusto, e a família Maryam (Figura 2.4), de Ricardo Esteves, composta por duas fontes distintas que podem ser combinadas entre si, contendo uma grande quantidade de ligaturas, automatizadas por meio da programação no OpenType. Esta última é atualmente comercializada pelos revendedores MyFonts, Linotype, Monotype (Fonts.com) e AscenderFonts.

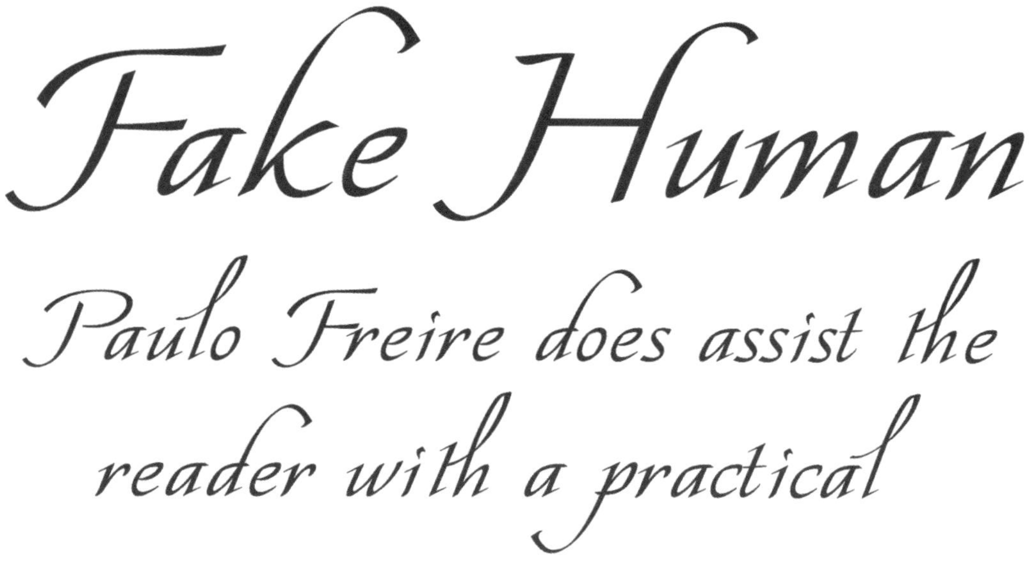

Fake Human

Paulo Freire does assist the reader with a practical

Figura 2.3 – Fake Human (2004-2005), de Yomar Augusto. Imagem cedida por Yomar Augusto.

Maryam Regular & Alternate

The quick brown fox jumps over the lazy dog

The quick brown fox jumps over the lazy dog

Figura 2.4 – Famíia Maryam (2005-2007), de Ricardo Esteves, em seus estilos Regular e Alternate.

Tipos que simulam a imprecisão

Tendo em vista que muitas das fontes que sugerem a manualidade podem indicar também a imprecisão, pode-se imaginar que essa última categoria seja, na verdade, um subconjunto da anterior. Entretanto, entendemos aqui a abordagem da imprecisão em um sentido mais amplo, não necessariamente se limitando aos exemplos do primeiro caso. Como foi dito, esses diferentes modos de abordagem, em muitos casos, se cruzam, não sendo, portanto, categorias voltadas para a classificação, mas para a compreensão de diferentes tendências projetuais/morfológicas.

Atualmente podemos observar várias possibilidades de abordagem à imprecisão no design tipográfico. É importante não confundirmos aqui a imprecisão intencional com a falta de rigor técnico. Embora o mercado internacional esteja repleto de exemplos do segundo caso, nos ateremos aqui apenas a projetos nos quais a imprecisão é incorporada como um artifício de linguagem.

Um exemplo observável bastante comum são os tipos digitais que simulam a impressão nem sempre precisa com tipos de chumbo ou madeira (Figura 2.5). Em grande parte desses casos, as fontes digitais são *revivals* de desenhos tipográficos históricos. Embora algumas das sutilezas das prensas tipográficas não possam ser simuladas em um tipo digital, como, por exemplo, a tridimensionalidade tátil, fontes que simulam tecnologias históricas parecem buscar uma estética lírica de algo que se perdeu no tempo e que deve ser lembrado.

Letterpress Text

Figura 2.5 – Um exemplo de fonte que simula impressão com baixa tecnologia. Letterpress Text (2001) em sua versão Regular, do designer norte-americano Chris Costello.

Outro tipo de abordagem é a imprecisão programada pelo computador. Um marco histórico internacional nesse sentido foi a fonte Beowolf (1989), projetada por Erik van Blokland e Just van Rossum, da empresa holandesa LettError. Utilizando o sistema de descrição PostScript, que permitia uma alta precisão na impressão, a fonte foi projetada para subverter a lógica programada originalmente. Ela possuía um desenho regular de todos os caracteres e alterações no código PostScript que faziam com que a fonte apresentasse irregularidades pouco previsíveis no momento da saída na impressora. Desse modo, uma letra nunca seria impressa exatamente igual a outra, contrariando a lógica da precisão e repetição com fidelidade.

A partir da década de 1990 surge o estilo *grunge*, a partir da produção musical das bandas de rock de Seattle, Estados Unidos, cuja sonoridade era caracterizada por distorções de guitarra bastante peculiares e cheias de ruído, bem como pelos vocais roucos e arrastados. Alguns anos depois o termo *grunge* passa a ser adotado também para descrever uma visualidade *suja*, muito influenciada pela estética *punk* da década de 1970 e pelo trabalho de alguns designers contemporâneos. A partir da década de 2000 o termo *grunge* é incorporado como palavra-chave nos mecanismos de busca dos *sites* de alguns dos maiores revendedores de tipos, como FontShop, MyFonts e Fonts.com. O estilo *grunge* é caracterizado pela incorporação da sujeira, do ruído, ou da distorção como elementos construtivos na forma tipográfica. Em alguns casos, se aproximam esteticamente de um caráter expressionista, incorporando marcas das ferramentas de desenho e experiências emocionais representadas na forma.

Como exemplos brasileiros que se enquadram nessa linha morfológica, podemos citar algumas produções do mineiro Eduardo Recife – fontes Nars (2003) e Kyoto (2008) –, publicadas por sua fundidora pessoal Misprinted Type e comercializadas pelo MyFonts (Figura 2.6). Outro exemplo é a família Discord (2009), do também mineiro Rafael Neder. Embora use características formais distintas, de construção mais geométrica, alguns pesos da família também simulam a imprecisão (Figura 2.7). Suas fontes são distribuídas pelo MyFonts e pela T-26.

Figura 2.6 – Fontes Nars (2003) e Kyoto (2008), de Eduardo Recife. Imagens cedidas por Eduardo Recife.

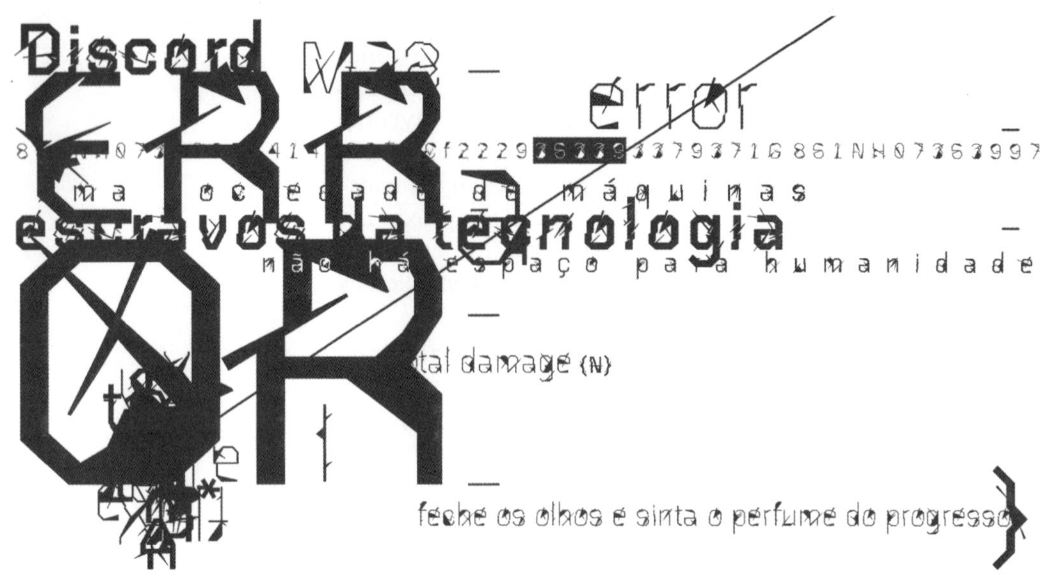

Figura 2.7 – Fonte Discord Error em diferentes pesos que compõem da família Discord (2009) de Rafael Neder. Imagem cedida por Rafael Neder.

Aqui tivemos um breve panorama do contexto tecnológico/social/mercadológico em que a atividade do design de tipos se insere. No próximo capítulo abordaremos a produção nacional nas últimas décadas e suas particularidades no contexto brasileiro.

A produção brasileira de tipos digitais

3

Tendo em vista a caracterização do contexto brasileiro, o trabalho apresentado a seguir foi feito por meio de levantamento de dados bibliográficos (livros, periódicos, anais de congressos, catálogos, publicações avulsas e *websites* de fundidoras de tipos digitais) e com base em entrevistas que realizamos com alguns designers de tipos: Beto Shibata, Claudio Rocha, Eduardo Berliner, Eduardo Omine, Eduilson Coan, Fabio Lopez, Felipe Kaizer, Fernando Mello, Gustavo Ferreira, Leonardo Costa (Buggy), Marconi Lima, Priscila Farias, Tony de Marco e Yomar Augusto.

Nesse processo, foi de fundamental importância o levantamento publicado em *Fontes digitais brasileiras: de 1989 a 2001*, de autoria de Priscila Farias e Gustavo Piqueira. Para os anos subsequentes foram consultadas as oito primeiras edições da revista *Tupigrafia*, os catálogos da Bienal da ADG, os catálogos da Bienal Latino-americana de Tipografia (Letras Latinas/Tipos Latinos), o artigo "Uns tipos novos: a nova geração da tipografia brasileira", de Norberto Gaudêncio Junior e Gustavo Lassala, além de algumas entrevistas com designers de tipos, realizadas por terceiros e disponíveis em revistas e *websites*. Como critérios para a seleção dos designers brasileiros mencionados foram considerados:

- tendo em vista um projeto realizado, que existissem pelo menos três citações desse projeto em publicações especializadas;
- publicações de tipos em catálogos de bienais nacionais e internacionais;
- premiações em concursos promovidos por associações e empresas internacionais de grande visibilidade;
- vendas no mercado internacional, por meio de revendedores de fontes digitais.

Em relação à estratégia adotada a seguir, quanto a uma reprodução seletiva dos tipos citados, foi considerada a produção mais relevante em cada período, tendo em vista as publicações em livros, revistas especializadas e catálogos de bienais. Na medida em que a produção se desenvolveu no Brasil, fica evidente o crescente número de trabalhos citados. Não houve a intenção mostrar todos eles, mas apenas aqueles que foram considerados mais relevantes em cada momento, tendo em vista a qualidade técnica e estética. No período da década de 1990 será possível notar uma predominância dos tipos *display* nas imagens selecionadas. Isso se deve ao fato de ser essa a opção projetual mais recorrente na época. Na década de 2000 serão mostrados também tipos para texto de imersão, a partir do momento em que começaram a ser produzidos em maior quantidade relativa no Brasil. É válido lembrar que não há a pretensão de que esta seja uma versão definitiva acerca dos acontecimentos, mas apenas uma das possíveis, tendo em vista a realidade observada.

Com o crescimento da atividade do design de tipos a partir da década de 1980 e especialmente de 1990, esse campo torna-se, progressivamente, uma área de especialização da programação visual. Isso se consolida na década de 2000 pelo crescente número de cursos de especialização e mestrado em design de tipos no exterior, sendo os principais deles situados na Europa, como o Master in Typeface Design na University of Reading, na Inglaterra, criado em 2000; o Master in Type&Media na Royal Academy of Arts, em Haia, na Holanda, iniciado em 2002; e a Maestría en Tipografía Avanzada, na Universidad Autónoma de Barcelona, na Espanha, em atividade desde 2003. Mais recentemente, no âmbito latino-americano, situam-se também o Posgrado en Diseño de Tipografía, na Universidad de Buenos Aires, na Argentina; e a Maestría en Diseño Tipográfico, no Centro de Estudios Gestalt, na cidade de Veracruz, México, ambos iniciados em 2008. Em outro sentido, essa progressiva especialização da atividade se dá também em função de uma realidade de mercado, tanto no que diz respeito aos tipos feitos sob encomenda, quanto aos tipos em catálogo, distribuídos por revendedores internacionais.

Como vimos no Capítulo 2, ao longo das décadas de 1980, 1990 e 2000, nos países centrais da economia, surgiram novos revendedores desses produtos e as chamadas fundidoras de tipos digitais (*digital type foundries*) independentes, possibilitando a difusão e comercialização de novas fontes para as novas tecnologias em escala mundial. No contexto brasileiro, é importante pontuar o papel pioneiro de alguns professores/pesquisadores no fomento dessa produção dentro das universidades, destacando: Rodolfo Capeto, na Escola Superior de

Desenho Industrial (ESDI/UERJ), cuja atividade didática subsidiou a produção de designers de tipos como Gustavo Ferreira e Fabio Lopez; Priscila Farias, na Faculdade Senac de Comunicação e Artes (Senac-SP), que subsidiou a produção de designers como Caio de Marco e Nikolas Lorencini; e Vicente Gil, na Faculdade de Arquitetura e Urbanismo da Universidade de São Paulo (FAU-USP), estimulando designers como Eduardo Omine a Fernando Mello. Desde meados da década de 1990 são registradas várias iniciativas de estudantes quanto ao estudo e desenvolvimento de tipos digitais, sendo que alguns deles posteriormente se tornaram profissionais da área.

Além disso, hoje existem disciplinas específicas de design de tipos, implementadas em cursos de graduação no Brasil. Além das iniciativas no espaço formal de ensino, ao longo da década de 2000, ocorreram também várias iniciativas de promoção da atividade, conforme veremos a seguir.

3.1 Iniciativas de promoção da atividade

As iniciativas aqui descritas servirão para situar o leitor acerca dos principais eventos que promoveram a atividade do design de tipos digitais ao longo da última década, facilitando a apresentação dos projetos mencionados. Algumas dessas iniciativas serão citadas novamente adiante, quando são tratados alguns dos mais relevantes projetos brasileiros na área.

Como um fator de promoção, é válido citar a exposição Tipografia Brasilis (São Paulo, 2000, 2001 e 2002), como uma das importantes iniciativas de difusão da produção nacional. Essa foi a primeira exposição brasileira de grande divulgação e com foco no design de tipos de que se tem registro. As três edições da mostra foram realizadas pela Fundação Armando Álvares Penteado (Faap) e organizada por Cecília Consolo e Luciano Cardinali, da Associação dos Designers Gráficos (ADG). A exposição reuniu uma grande quantidade de fontes de caráter experimental, trabalhos artísticos de letreiramento, e algumas fontes feitas sob encomenda para identidades corporativas de empresas no Brasil. Em sua última edição, em 2002, contou ainda com um *workshop* do designer de tipos argentino Rubén Fontana, ampliando, para os participantes, conhecimentos no que diz respeito ao desenvolvimento de novas famílias tipográficas.

Outro importante elemento promotor do design de tipos no Brasil foi a inclusão, partir de 2002, da tipografia como uma categoria na Bienal Brasileira de Design Gráfico, promovida pela ADG. Poucos anos após sua fundação, em 1989, a Associação dos Designers Gráficos passou a promover a Bienal de

Design Gráfico, reunindo trabalhos de escritórios, que ficaram registrados em seus catálogos. Mas foi somente a partir de sua 6ª edição, em 2002, que os trabalhos expostos passaram a ser divididos em categorias, com uma dedicada à tipografia. Com isso, um maior número de trabalhos relacionados ao design de tipos passou a ser inscrito, dando visibilidade para a produção nacional nesse âmbito. A categorização por modalidade projetual continuou por mais uma edição, até o ano de 2004. A partir de sua 8ª edição, em 2006, deram lugar a amplas categorias conceituais, e as fontes tipográficas foram dissolvidas em diferentes categorias.

Ainda durante a edição de 2002 da Bienal da ADG, segundo relatos de diferentes designers, foi de importante relevância o *workshop* realizado no mês de março daquele ano, no Senac-SP com o designer de tipos suíço Bruno Maag, da empresa britânica Dalton Maag, especializada no desenvolvimento de famílias tipográficas feitas sob encomenda, para grandes empresas multinacionais. Nessa ocasião, o designer suíço introduziu referenciais quanto ao desenvolvimento de famílias tipográficas para textos de imersão, tendo a participação de importantes designers de tipos brasileiros e entusiastas da atividade como Fabio Haag, Luciano Cardinali, Priscila Farias, Crystian Cruz, Billy Bacon, Rafael Dietzsch, Henrique Nardi e Marina Chaccur.

São registrados também alguns eventos regionais com a participação de designers de tipos brasileiros, como o "tyPE: Tipografia em Recife", organizado por Leonardo Costa (Buggy), em 2004, com a realização de palestras e *workshops*. Nesse evento palestraram designers como Claudio Rocha, Billy Bacon e Henrique Nardi, além do próprio organizador.

Em 2005 situou-se também o fórum "Tipo Assim", organizado pelo Núcleo de Tipografia da Universidade do Estado de Minas Gerais (UEMG), em Belo Horizonte, com palestras, minicursos, seminários e exposições. O fórum teve a participação de palestrantes como Lucy Niemeyer, Hugo Werner, Bruno Martins, Rodolfo Capeto e Silvestre Rondom Curvo.

Ainda em relação aos eventos regionais, em 2007, aconteceu o "TudoTemTipo: Encontro Tipográfico de Salvador", organizado pela Universidade Federal da Bahia (UFBA), na figura do professor Alessandro Farias, com *workshops* e palestras de Tony de Marco, Leonardo Costa, Elias Bittencourt, Adriana Valadares e Henrique Nardi.

Entre os outros importantes eventos de promoção de design de tipos no Brasil, estão os dois congressos DNA Tipográfico (São Paulo, 2003 e 2005), organizados pela revista *Tupigrafia* e pelo Senac-SP, com o objetivo de observar um panorama da produção nacional por meio de trocas de experiências presenciais entre os participantes. A primeira edição do DNA Tipográfico, em 2003, intitulado também como Congresso Brasileiro de Tipografia, reuniu alguns dos principais designers de tipos brasileiros, bem como o palestrante estrangeiro Akira Kobayashi, funcionário da Linotype que desenvolveu importantes projetos em parcerias com algumas lendas vivas do design de tipos, como Adrian Frutiger e Hermann Zapf. O congresso foi de fundamental importância para a difusão de conhecimentos a respeito do design de tipos como atividade projetual e da produção nacional na área naquele momento. Por meio de palestras expositivas dos participantes e de mesas redondas, reuniu designers brasileiros como Claudio Rocha, Luciano Cardinali, Fabio Lopez, Billy Bacon, Rodolfo Capeto, Gustavo Piqueira, Fernanda Martins, Angela Datanico, Rafael Lain, Tony de Marco, Priscila Farias, Crystian Cruz, José Bessa, Cláudio Reston, Leonardo Costa, Alexandre Wollner, Claudio Ferlauto, Guto Lacaz e Jimmy Leroy.

O encontro teve sua segunda e última edição no ano de 2005 (DNA Tipográfico 2), agora com o título de Congresso Latino-Americano de Tipografia, quando reuniu os designers e palestrantes brasileiros Claudio Rocha, Tony de Marco, Priscila Farias, Fabio Lopez, Rodolfo Capeto, Henrique Nardi, Claudio Ferlauto, Hugo Cristo, Marcos Mello, Chico Homem de Melo, Bruno Porto, Billy Bacon, Herbert Baglione e Baixo Ribeiro. Nessa segunda edição, reuniu os palestrantes estrangeiros Akira Kobayashi (Japão), Pancho Galvez (Chile), Luis Siquot (Argentina), Bruno Steinert (Alemanha), Gabriel Martinez Meave (México), Jorge de Buen (Argentina), Vincenzo Scarpellini (Itália) e Massimo Gentile (Itália).

No ano de 2003, também em São Paulo, os designers Henrique Nardi e Marcio Shimabukuro criaram o projeto Tipocracia – uma série de cursos e palestras que visavam promover a produção tipográfica brasileira, estabelecendo parcerias com editoras, associações e universidades. Continuado posteriormente por Nardi, o projeto rapidamente percorreu mais da metade dos estados brasileiros e países europeus como Portugal e Áustria. Além do esforço de fomento dessa produção nacional e de incentivo ao design de novos tipos, a política criada por Nardi, de doação de livros como contrapartida para as universidades nas quais o curso seria ministrado, trouxe uma importante contribuição para a ampliação do acervo nas bibliotecas de nossas instituições.

Ainda em 2003, aconteceu, na cidade de Minneapolis, Estados Unidos, a primeira exposição TypeCon/Letras Latinas. O projeto original foi uma idealização da revista argentina *tipoGráfica*, na figura do designer Rubén Fontana, com júri composto também por Pablo Cosgaya e Marcela Romero, todos argentinos. O projeto deve como objetivo selecionar os melhores trabalhos latino-americanos inscritos, para serem expostos na conferência TypeCon 2003, organizada anualmente, desde 1998, pela associação norte-americana Society of Typographic Aficionados (Sota). Foram selecionadas e expostas 15 fontes latino-americanas, entre elas duas brasileiras. A primeira exposição Letras Latinas daria origem ao que viria a ser, posteriormente, a Bienal Latino-americana de Tipografia, mais conhecida como Bienal Letras Latinas (2004 e 2006) e posteriormente mudando sua nomenclatura para Bienal Tipos Latinos (2008 e 2010).

A primeira edição da Bienal Latino-americana de Tipografia (Letras Latinas 2004) também foi promovida pela revista *tipoGráfica*, em continuidade ao projeto original da primeira exposição no ano anterior. Essa edição reuniu um total de 235 trabalhos latino-americanos, entre eles 50 brasileiros. O evento percorreu as cidades de Buenos Aires (Argentina), São Paulo (Brasil), Veracruz (México) e Santiago (Chile). Os tipos brasileiros expostos dividiam-se em 12 na categoria "texto", 25 na categoria "título ", 11 na categoria "experimentais" e dois na categoria "miscelânea" .

Ao observar-se os números relativos a cada categoria, e considerando que tanto a categoria "título" quanto a categoria "experimentais" corresponde ao universo do que chama-se aqui de fontes *display*, fica bastante claro como esse modo de abordagem projetual teve um peso maior no Brasil do que em outros países. Se forem consideradas essas duas linhas de trabalho – tipos para uso em textos de imersão e tipos para uso *display* – como um universo total a ser analisado, ver-se-á que o balanço da produção brasileira nesse período ficou em 75% relativa às fontes *display* e 25% relativo às fontes para texto. A liberdade formal adotada pelos designers brasileiros, aliada a uma ausência de tradição consolidada no desenvolvimento de tipos para texto, mostra que a produção de tipos *display* (sejam eles para títulos ou experimentais) foi sensivelmente dominante no País, nesse período.

Em sua segunda edição (Letras Latinas 2006), o júri selecionou os 70 melhores trabalhos (nove brasileiros) entre os 427 inscritos (107 brasileiros). A exposição itinerante percorreu Argentina, Chile, México, Brasil, Colômbia, Venezuela e Uruguai. Reuniu, ao todo, dois trabalhos de brasileiros na categoria "texto", três na categoria "título", três na categoria "experimentais" e um na categoria "miscelânea". O número de projetos selecionados foi visivelmente menor que na edição anterior. O motivo disso se deve ao fato de, na edição de 2006, terem sido selecionadas apenas as 70 melhores fontes latino-americanas inscritas (na avaliação do júri), enquanto em 2004, terem sido expostos todos os trabalhos recebidos.

Com a extinção da revista *tipoGráfica* e o término da liderança de Rubén Fontana na organização do evento, a edição 2008 da Bienal, agora com o nome Tipos Latinos, passou a ser organizada por um novo comitê central em Buenos Aires e coordenações regionais em cada país, porém mantendo seus mesmos moldes e objetivos originais.

Na terceira edição da Bienal Latino-americana de Tipografia (Tipos Latinos 2008), uma das novidades foi a inclusão da categoria "família", relativa aos sistemas tipográficos com várias fontes, com variações de peso e/ou estilo. A necessidade pragmática de inclusão dessa categoria mostra como o design de tipos tem evoluído na América Latina.

Nessa edição, foram selecionados 69 trabalhos de design de tipos (14 brasileiros), entre 352 inscritos (73 brasileiros). Entre os tipos brasileiros selecionados foram dois na categoria "família", dedicada às famílias tipográficas para texto com vários pesos, inclinações e outras variáveis; cinco na categoria "título"; dois na categoria "experimentais"; um na categoria "tela"; e dois na categoria "miscelânea". A mostra percorreu diferentes cidades entre os seguintes países: Argentina, Brasil, México, Chile, Colômbia, Venezuela, Uruguai, Bolívia, Equador, Paraguai e Peru.

Entre os trabalhos de design de tipos, em sua quarta edição (Tipos Latinos 2010) o júri da Bienal selecionou 70 trabalhos para a mostra (oito brasileiros, incluindo dois de dupla nacionalidade), entre os 401 inscritos (78 brasileiros, incluindo três de dupla nacionalidade). Em relação à distribuição dos trabalhos nacionais selecionados, foram situados três na categoria "família", dois na categoria "texto" e três na categoria "título". Foi a maior das edições em termos de abrangência geográfica. Além dos países da edição anterior, a exposição passou ainda pelas cidades de Havana, em Cuba, e Valência, na Espanha.

Ainda em relação aos eventos de promoção da atividade, já no final da última década surgiu uma série de encontros, inicialmente com um caráter informal, que receberam o nome de DiaTipo. O projeto foi iniciado em reuniões de designers de tipos brasileiros que participam da lista de discussão nacional na internet de tipografia e caligrafia.[3] Posteriormente, foi formalizado, com a organização de palestras com especialistas. O DiaTipo teve sua primeira edição formal em abril de 2008, na Escola Superior de Propaganda e Marketing de São Paulo (ESPM-SP), organizado por Luciano Cardinali, com o tema "OpenType". Teve palestras sobre o assunto com os designers Eduardo Omine, Fernando Caro e Tony de Marco. Reuniu na plateia, ainda, outros designers de tipos paulistanos como Crystian Cruz, Nikolas Lorencini e o organizador, Cardinali, entre outros participantes.

3 Disponível em: <http://sapien.com.br/tipografia>. Acesso em: 08 jan 2010.

A segunda edição formal do evento aconteceu em dezembro de 2008, na mesma ESPM-SP, sem um tema fixo, com o título "DiaTipo Natal 2008". Nessa edição, o evento foi organizado por Luciano Cardinali e Henrique Nardi. Teve, pela primeira vez, transmissão ao vivo por videoconferência via internet, e pôde ser assistido em outras partes do Brasil e do mundo. As palestras foram ministradas por alguns designers de tipos brasileiros que tiveram experiências de estudos na Europa – Gustavo Soares, Fernando Mello e Gustavo Garcia – além do veterano Claudio Rocha. Reuniu ainda, no auditório, outros designers de tipos brasileiros como Eduilson Coan, Gustavo Lassala, Rafael Neder, Luciano Cardinali e Tony de Marco. Contou também com uma mesa-redonda entre os palestrantes, com a inclusão de Crystian Cruz, em Reading, na Inglaterra, por videoconferência.

A terceira edição formalizada do DiaTipo aconteceu mais uma vez na capital paulista, em abril de 2009, como parte da programação paralela à 9ª Bienal de Design Gráfico da ADG. Recebeu o nome de "DiaTipo & Tipocracia", sendo organizada por Henrique Nardi. Numa sequência de cinco dias, contou com os palestrantes brasileiros Crystian Cruz, Fabio Haag, Fabio Lopez, Eduilson Coan e Ricardo Esteves, além da pesquisadora inglesa Catherine Dixon. Reuniu na plateia os designers Tony de Marco, Luciano Cardinali, Gustavo Soares, entre outros. Teve, mais uma vez, transmissão por videoconferência, via internet, com grande audiência do público externo que, pela primeira vez, ultrapassou numericamente o público presencial.

O evento teve sua quarta edição formal em dezembro de 2009, na Faculdade Impacta de São Paulo, em uma sequência de palestras condensadas em um único dia. Organizado novamente por Nardi, o evento recebeu o nome de "DiaTipo Natal 2009" e teve como palestrantes André Stolarski, Daniela Fontinele, Fabio Haag, Fernando Mello, Gustavo Lassala, Kollontai Diniz, Marconi Lima, Matheus Barbosa, Rafael Neder, Ricardo

Esteves, Priscila Farias, Crystian Cruz, Marina Chaccur, além do próprio organizador. Na plateia ainda estiveram presentes os designers de tipos Fabio Lopez, Fernanda Martins, Eduilson Coan, Eduardo Omine, Gustavo Soares e Claudio Rocha. Apresentou público recorde em sua transmissão *online* e teve, pela primeira vez, todas as palestras gravadas para registro.[4]

4 Disponível em: <http://www.tipocracia.com.br/diatipo/registro.htm>. Acesso em: 08 jan. 2010.

Ano	Eventos
2000	1ª Exposição Tipografia Brasilis
2001	2ª Exposição Tipografia Brasilis
2002	6ª Bienal da ADG (Inclusão da categoria "Tipografia") Workshop do designer Bruno Maag 3ª Exposição Tipografia Brasilis Workshop do designer Rubén Fontana
2003	1º DNA Tipográfico (Congresso Brasileiro de Tipografia) Exposição Typecon / Letras Latinas nos EUA Início do projeto Tipocracia
2004	1ª Bienal Latino-americana de Tipografia (Letras Latinas 2004) 7ª Bienal da ADG tyPE: Tipografia em Recife
2005	2º DNA Tipográfico (Congresso Latino-americano de Tipografia) Fórum Tipo Assim
2006	2ª Bienal Latino-americana de Tipografia (Letras Latinas 2006) 8ª Bienal da ADG
2007	TudoTemTipo: Encontro Tipográfico de Salvador
2008	3ª Bienal Latino-americana de Tipografia (Tipos Latinos 2008) DiaTipo OpenType Dia Tipo Natal 2008
2009	9ª Bienal da ADG DiaTipo & Tipocracia DiaTipo Natal 2009
2010	4ª Bienal Latino-americana de Tipografia (Tipos Latinos 2010)

Indicações:

Figura 3.1 – Infográfico dos principais eventos de promoção do design brasileiro de tipos digitais na década de 2000.

Publicações nacionais: a importância da produção editorial para a prática efetiva

Além das iniciativas de promoção por meio de Bienais, exposições, congressos e ciclos de palestras, aponta-se para a importância das publicações de livros e revistas dedicados ao assunto, como um modo de incentivo essencial para a prática. São destacadas aqui algumas delas, em âmbito nacional.

Em setembro do ano 2000, passa a ser publicada, em São Paulo, a revista *Tupigrafia*, por uma iniciativa independente dos editores e designers de tipos Claudio Rocha e Tony de Marco. Foi de fundamental importância na difusão da produção tipográfica nacional e contou, ao longo de suas edições, com textos dos mais diversos estilos: poéticos, técnicos, históricos, de entrevistas. A revista teve nove edições até o ano de 2010. Na primeira edição, sem dar maiores explicações, os editores introduzem a proposta da revista com um texto construído poeticamente, sugerindo o compromisso de observar a tipografia nacional:

> A ligação já foi feita. Não precisa explicar. O espaço urbano e o pensamento individual se alimentam mutuamente. Nosso território, apesar dos muitos pesares, surpreende, refaz. *Tupigrafia* é o rastro da tipografia que se movimenta corriqueira e sedutora (é bom observar que este país já tem sua produção tipográfica). [...] temos que ter consciência do espaço que ocupamos. Aliás, sem percepção não há contorno, não há nada. (ROCHA; DE MARCO. In: *Tupigrafia* 1, 2000, p. 3.)

Logo, *Tupigrafia* passou a ser uma palavra de ordem associada a uma observação livre da cultura tipográfica local. A revista deixou clara, ao longo de suas primeiras edições, a preocupação em se observar alguma raiz da cultura visual brasileira, ligada não somente à tipografia, mas também às diferentes manifestações da escrita, como os letreiramentos e a escrita manual.

Entre os livros publicados por autores brasileiros, já são vários os que tratam do tema da tipografia em geral – anatomia dos tipos, uso e aplicação. Nos últimos anos, cresceu o número de publicações em português, incluindo importantes traduções de livros de autores estrangeiros. Mas são poucas as publicações de autores brasileiros que abordam o design de novos tipos como um assunto específico. Entre as produções nesse sentido, podemos citar o livro *Tipografia digital: o impacto das novas tecnologias*, de Priscila Farias, publicado em 1998 pela editora 2AB (1ª edição); o livro *Projeto Tipográfico: análise e produção de fontes digitais*, de Claudio Rocha, que teve sua primeira edição publicada em 2002 pela editora Rosari; o citado *Fontes digitais brasileiras: de 1989 a 2001*, de Priscila Farias e Gustavo Piqueira, publicado em 2003 também pela Rosari; e mais recentemente o livro *MECOTipo: método de ensino de desenho coletivo de caracteres tipográficos*, de Leonardo Costa (Buggy), publicado em 2007 de modo independente.

Algumas referências colaborativas na *Web* para a troca de conhecimentos

Tendo a Web como importante meio de articulação, busca e troca de conhecimentos específicos, a partir de meados da década de 1990, destacam-se algumas importantes iniciativas que colaboraram com o crescimento da área do design de tipos digitais. Pelo fato de, por muito tempo, ter existido pouca bibliografia em português, alguns designers de tipos autodidatas brasileiros buscam conhecimentos, seja pela importação de livros em inglês, seja por fóruns de discussão que tratam da tipografia em âmbito internacional. Nesse sentido, destaca-se o *site* Typophile,[5] com fóruns de discussão em que, com um inglês razoável, é possível conversar com importantes figuras do design de tipos de projeção mundial. O *site* possui também uma enciclopédia tipográfica (Typowiki), criada de modo colaborativo pelos próprios usuários. Fundado em 2000, o *site* permanece, após mais de uma década, como um dos mais relevantes pontos de convergência de designers de tipos em âmbito internacional. A referência ao Typophile fica explicitada como um elemento impulsionador da produção em relatos de designers brasileiros como Fernando Mello e Eduardo Omine. Teve contribuições esporádicas também de Gustavo Ferreira, além do próprio autor deste livro.

5 Disponível em: <http://www.typophile.com>. Acesso em: 18 jan. 2010.

Outra importante referência nesse sentido é o *site* TypeCulture,[6] de origem norte-americana, iniciado em 2004. Abriga uma fundidora digital, além de fontes de pesquisa acadêmica, disponibilizando artigos em inglês escritos por diferentes designers de tipos de várias partes do mundo, incluindo Eduardo Berliner e Fernando Mello, entre os brasileiros.

6 Disponível em: http://www.typeculture.com. Acesso em: 19 jul. 2010.

No que tange as iniciativas brasileiras, o maior canal de troca de conhecimentos via *Web* tem sido a lista de discussão nacional de tipografia e caligrafia, iniciada em 1998. Em seus primeiros 12 anos, caracterizou-se como um importante mecanismo de articulação entre designers de tipos brasileiros. Foi de fundamental relevância para a troca de conhecimentos práticos e teóricos, bem como para a divulgação da produção tipográfica nacional e de eventos relacionados.

A mais recente iniciativa brasileira para a difusão de conhecimentos na Web, em português, é o site Tipos do Brasil,[7] que nasceu de discussões acerca da possibilidade de criação de uma associação nacional de profissionais ligados ao design de tipos. Em virtude das distâncias regionais e da ausência de uma massa crítica, nada foi encaminhado nesse sentido. Mas essas discussões deram origem ao *site*, que tem por objetivo divulgar a produção nacional e contribuir para discussões acerca dos temas da tipografia em geral e do design de tipos em específico. Esse *site* foi iniciado em setembro de 2009 por um grupo que envolve designers e pesquisadores de diferentes partes do País: Gustavo Lassala, Rafael Neder, Ricardo Esteves, Fabio Haag, Frederico Antunes, Tony de Marco, Eduilson Coan, Hugo Cristo, Marconi Lima, Yomar Augusto e Pedro Moura. Ainda mais recentemente incorporou outros designers como Marina Chaccur, Fátima Finizola e Fabio Lopez.

7 Disponível em: http://www.tiposdobrasil.com. Acesso em: 19 jan. 2010.

3.2 A produção na década de 1980: primeiras iniciativas no Brasil

Durante a década de 1980, o design de tipos digitais no Brasil ainda ensaiava seus primeiros passos. Vivia-se o paradigma em que o interesse pelo uso do computador pessoal era, em grande parte, restrito aos programadores e engenheiros, habituados com os textos das linhas de comando em monitores de fósforo verde. Mesmo depois da invenção da metáfora do *desktop*, seu uso demorou a ser disseminado. Nesse sentido, a posição econômica do Brasil deve ser levada em consideração. Num país historicamente inclinado a exportar matéria-prima e importar tecnologia, grande parte dos equipamentos mais sofisticados deveriam ser trazidos do exterior.

Em 1984, quando o mundo vivia o pleno alvorecer da tecnologia do *desktop publishing*, o Brasil passava o período de transição da ditadura militar para a lenta retomada da democracia. Naquele ano foi sancionada a chamada Lei de Reserva de Mercado para os produtos de informática (nº 7.232/84). Sua intenção original seria a de proteger o mercado interno, estimulando a produção local de *hardware* e *software*. Entretanto, seus efeitos foram desastrosos, pois o que ocorreu foi uma grande discrepância tecnológica em relação aos países desenvolvidos, além do estímulo pragmático à pirataria, pois grande parte das empresas nacionais do setor acabavam copiando as tecnologias de empresas norte-americanas como Microsoft e Apple, entre outras. O saldo dessa ação política foram sete anos de atraso tecnológico, pois foi somente em 1991 que entraria em vigor a nova lei (Lei nº 8.248/91), tornando livre o acesso às tecnologias estrangeiras de ponta, amplamente difundidas no mercado mundial. Com isso, uma maior quantidade de designers começou a poder ter acesso a *hardwares* e *softwares* específicos.

Mesmo com condições adversas na década de 1980, o designer Rodolfo Capeto realizou alguns experimentos iniciais, não no sentido da criação de tipos com desenho inédito, mas no desenvolvimento de formatos de fontes específicos para saída em legendas de vídeo em monitores CRT. É importante notar que, nos primeiros anos da década de 1980, não existia uma padronização de formatos como temos hoje. Soluções específicas eram fornecidas por empresas como a Bitstream, mas, no contexto nacional, era necessário ser, ao mesmo tempo, pragmático e criativo para encontrar soluções semelhantes. Um dos primeiros experimentos de Capeto no design de tipos digitais foi a construção digital de uma Helvetica, utilizando programação que permitia criar formas vetoriais por meio de retas e arcos de círculo. Nessa época, não existiam ferramentas digitais específicas como as que temos atualmente, que utilizam curvas de Bézier cúbicas e quadráticas. Dado esse contexto, foi um projeto em que as ainda limitadas possibilidades técnicas disponíveis foram os elementos mais importantes a serem levados em consideração.

Foi somente em 1989 que surgiu o que parece ser a primeira fonte digital brasileira com a intenção de se criar um desenho inédito. Com formas geométricas rígidas e pouco legíveis, a fonte chamada de Sumô (Figura 3.2), foi criada pelo designer autodidata Tony de Marco, num dos seus primeiros contatos com um computador Macintosh, na ocasião em que trabalhava como ilustrador no jornal *Folha de S. Paulo*.

Figura 3.2 – Sumô (1989), de Tony de Marco, é a primeira fonte digital brasileira com a intenção de se criar um desenho inédito, de que se tem registro.

3.3 **A produção na década de 1990:** uma primeira fase do design brasileiro de tipos digitais – iniciativas independentes e experimentação

O período coberto pelo livro *Fontes digitais brasileiras: de 1989 a 2001* (FARIAS; PIQUEIRA, 2003), caracteriza-se por um desenvolvimento criativo dos tipos *display*, correspondendo, de certo modo, à liberdade formal sugerida pelas novas tecnologias, assim como à ausência de uma tradição de design de tipos para texto. Quando observa-se as produções contidas nesse livro vê-se que, naquele momento histórico (década de 1990, em especial), a ideia de "quebrar regras" parecia colocar-se como uma nova regra. Em muitos casos, fica clara a influência de estéticas "pós-modernas" – em especial a influência do design californiano, de caráter desconstrutivo – inseridos na produção nacional recente. Sobre essa primeira fase da produção tipográfica brasileira, o designer de tipos Gustavo Ferreira, em uma entrevista gravada em 2008, pontua:

> Tínhamos muito pouca informação, muito pouco conhecimento. E na época, também, acho que todo mundo aqui no Brasil estava um pouco fascinado com a coisa de desconstruir. David Carson era herói e estava todo mundo querendo detonar as coisas. Lembro que, entre as primeiras fontes que fizemos, havia essas detonadas, que eram, ou processadas por um filtro, ou "blendadas" a partir de duas fontes diferentes. Outros temas de criação eram fontes a partir da escrita popular e fontes a partir da geometria. As pessoas, quando estão começando, geralmente têm uma tendência a fazer fontes geométricas, a partir de círculos e retas. (FERREIRA. In: GOMES, 2010, p. 166.)

Em sua fala, Ferreira ilustra bem o cenário nessa primeira década de desenvolvimento produtivo no Brasil, como vimos na tentativa pioneira realizada por Tony de Marco – Sumô, 1989 – e em algumas das demais que veremos a seguir.

Entre 1997/1998, os designers paulistas Priscila Farias e Claudio Rocha publicaram os primeiros tipos brasileiros distribuídos por empresas internacionais. Farias comercializou suas fontes Quadrada, LowTech (Figura 3.3) e Cryptocomix por meio da fundidora digital norte-americana T-26, e Rocha teve suas fontes Underscript (Figura 1.5) e Gema (Figura 3.4) distribuídas pela tradicional International Typeface Corporation (ITC).

As iniciativas de Farias e Rocha são especialmente relevantes por terem sido pioneiras no sentido da articulação com distribuidores norte-americanos, para os quais o mercado de licenciamento de fontes já é bastante difundido, permitindo uma sustentação financeira muito maior do que ocorre no mercado interno brasileiro. O caminho da exportação, no caso dos tipos sob catálogo, foi seguido posteriormente por vários outros designers de tipos brasileiros, configurando uma tendência geral para esse modo de abordagem projetual. Sobre sua articulação com a empresa T-26, Farias diz que:

> Meu primeiro contato com a T-26 ocorreu quando o Carlos Segura e a sua mulher, Sun, estiveram no Brasil, convidados pela Bienal de Design Gráfico da ADG. Eu mostrei as fontes que fazia para ele, e ele gostou. Depois que eles voltaram para Chicago, eu mandei amostras da Cryptocomix, da Quadrada e da LowTech, e eles concordaram em distribuí-las. (FARIAS. In: GOMES, 2010, p. 192.)

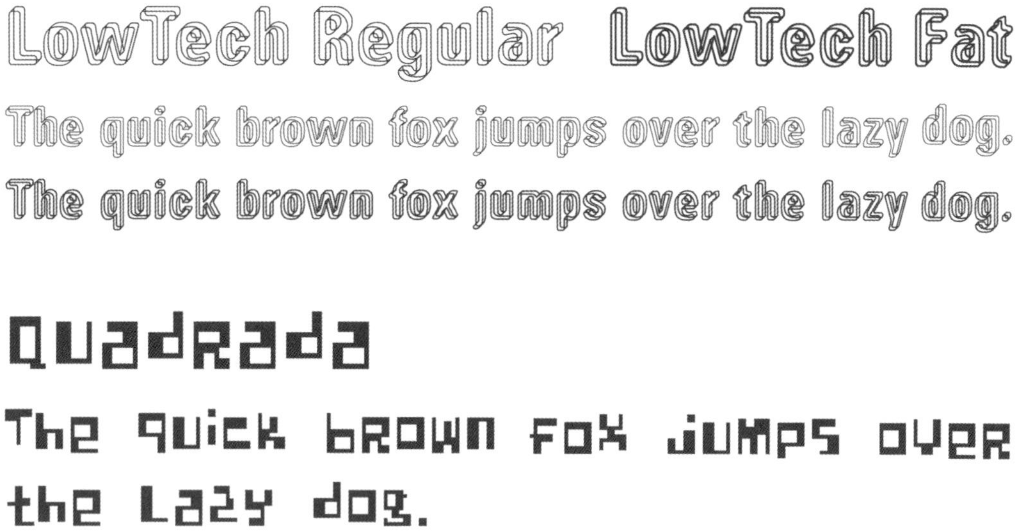

LowTech Regular LowTech Fat

The quick brown fox jumps over the lazy dog.

The quick brown fox jumps over the lazy dog.

Quadrada

The quick brown fox jumps over the lazy dog.

Figura 3.3 – Fontes LowTech (Regular e Fat) e Quadrada, de Priscila Farias, ambas comercializadas pela fundidora norte-americana T-26. Imagens cedidas por Priscila Farias.

ITC GEMA

THE QUICK BROWN FOX JUMPS OVER THE LAZY DOG.

Figura 3.4 – Fonte Gema, de Claudio Rocha, comercializada pela fundidora norte-americana ITC.

De acordo com relatos da designer, no momento do projeto dessas primeiras fontes ela estaria especialmente interessada em abordagens experimentais para o design de tipos. Esse modo de abordagem parece ter entrado em perfeita confluência com a proposta estética da fundidora norte-americana que passou a distribuí-las, bem como com o "espírito" geral do que estava sendo produzido no Brasil ao longo da década de 1990. Sobre o desenvolvimento desses projetos, Farias complementa:

> A LowTech foi inspirada por desenhos de letras tridimensionais presentes em cartazes "lambe-lambe" paulistanos. [...] A Quadrada foi desenvolvida a partir de caracteres que usei nas consoantes da Cryptocomix. Eu tentei desenhar caracteres geometricamente muito simples, sem curvas e com poucos pontos, para não deixar o arquivo da Cryptocomix pesado demais. Eles foram desenhados diretamente no Illustrator, sem nenhum esboço preliminar. De alguma maneira, o processo de desenho das letras da Quadrada me lembra o processo de desenho de letras em xilogravura, onde inicia-se com uma área preta, e o desenho surge a partir da remoção de pedaços desta área, que ficam em branco. Também acho interessante o fato dela ser muito geométrica em seus contornos, mas ao mesmo tempo orgânica em seu desalinhamento horizontal. (Idem, 2010, p. 192.)

Com uma experiência de distribuição semelhante, posicionou-se Claudio Rocha. O designer relata que a comercialização de suas fontes pela ITC foi possível por meio de algumas de suas viagens. Tudo começou em uma visita à sede da empresa em Nova York, com o objetivo de assinar a conhecida revista *U&lc*, dedicada ao universo tipográfico. Posteriormente, em 1996, Rocha foi ao congresso da Associação Tipográfica Internacional (AtypI), na cidade de Haia, na Holanda, quando teve a oportunidade de apresentar alguns de seus desenhos para o designer Erik Spiekermann – então responsável pela Fontshop –, além de Colin Brignall, da ITC, de quem obteve maior retorno. Após algumas conversas a respeito dos projetos, Brignall levou, então, os desenhos de Rocha para Nova York, para apresentação à equipe da ITC. Em entrevista realizada, Rocha relata sua experiência com riqueza de detalhes:

> Duas semanas depois, recebi uma carta do Colin dizendo que dois dos meus alfabetos haviam sido selecionados e seriam publicados e distribuídos pela ITC. Achei inacreditável. E pensar que antes de embarcar para a Holanda eu cheguei a hesitar em levar os meus alfabetos... ele também dizia que faríamos o desenvolvimento da fonte juntos, o que para

> mim era uma tremenda honra. Depois viemos a nos tornar bons amigos. [...] Primeiro trabalhamos na fonte Underscript (lançada em 1997) e depois na Gema (que foi para o mercado em 1998). Trocamos várias cartas, com um vai e vem de provas e anotações. [...] Após todos os refinamentos necessários, que funcionaram como uma espécie de curso particular por correspondência, passamos ao desenvolvimento dos arquivos de fonte, no Fontographer, com supervisão de Ilene Strizver, da ITC. Do lado de cá do Equador, eu trabalhava sem descanso. No final, a fonte teve a revisão técnica do Steve Zafarana, type designer e um dos fundadores da typefoundry Galapagos. [...] (ROCHA. In: GOMES, 2010, p. 189.)

Ambas as fontes de Rocha (Gema e Underscript) foram também as primeiras fontes brasileiras de simulação da escrita manual distribuídas internacionalmente, proporcionando "uma grata satisfação material", segundo o designer. Era um momento em que algumas empresas ainda pagavam valores de *royalties* adiantados aos designers de tipos, antes mesmo de iniciar as vendas de licenças para usuários – um risco assumido que é atitude rara na atualidade, se não inexistente.

Durante os mesmos anos de 1997/1998 surgiu, no Rio de Janeiro, o grupo Subvertaipe, liderado pelo designer Billy Bacon, produzindo algumas dezenas de novas fontes, comercializadas por conta própria. Esse grupo distribuía suas fontes em formatos para Mac e PC para escritórios de design e agências de publicidade. Algumas de suas produções, de caráter desconstrutivo, são ilustradas na Figura 3.5.

Figura 3.5 – As fontes Marola, Híbrida, Rally e Chiqueiro ilustram o caráter desconstrutivo da produção da Subvertaipe, de Billy Bacon. Imagem produzida pelo autor.

Nesse caso, podemos observar uma tentativa de construção de um mercado interno de licenciamento e uso de tipos brasileiros, ainda dentro de um caráter experimental, presente na primeira década em que as tecnologias para produção de fontes estiveram consideravelmente difundidas no País. A iniciativa também pioneira de Bacon, logo estimularia vários estudantes e profissionais em diferentes partes do Brasil. O designer fala ainda, em uma entrevista cedida à revista *Tupigrafia*, sobre as principais influências que norteavam o estilo do seu trabalho:

> 1990... na revista How tinha uma matéria sobre Neville Brody... ela me influenciou muito... na verdade ela foi o start, pode-se dizer, da Subvertaipe [...] e foi durante esse período [1992 a 1995] que pude conhecer a Raygun... um designer – David Carson – desenvolveu um trabalho de tipografia completamente bizarro... mexeu com a cabeça de todo mundo em função da ilegibilidade [...] a independência... a chance de fazer qualquer coisa. (BACON. In: *Tupigrafia*, n. 2, p. 35-36, 2000.)

Em seu desdobramento cultural, as produções de Bacon e sua equipe em muito influenciaram os então estudantes cariocas Gustavo Ferreira, Fabio Lopez, Guilherme Capilé, Emílio Rangel, Erik Grigorovsky e Angelo Bottino, que fundaram o grupo Fontes Carambola, também no Rio de Janeiro, com atividade entre os anos de 1998 e 2000. Estabelecendo um contraponto fundamental, o professor Rodolfo Capeto exerceu, mais tarde, uma considerável influência no sentido do aprofundamento teórico por parte de alguns dos membros do grupo, que traria reflexos para sua produção tardia. Segundo Fabio Pinto Lopes de Lima (o Fabio Lopez),

> Durante o NDesign [Encontro Nacional dos Estudantes de Design] de Curitiba [1998] me lembro de ter visto algumas tipografias desconstruídas do Billy Bacon. [...] O grupo foi aprendendo um pouco da tecnologia e desenvolvendo vários experimentos de alfabetos. Durante as aulas de Processos Gráficos tivemos uma ajuda fundamental do professor Rodolfo Capeto [ESDI], pois tentávamos extrair o máximo de informações sobre o assunto. No NDesign de Brasília [1999] já ensaiaríamos uma experiência de foundry, que chamávamos de Fontes Carambola. Fizemos alguns pequenos folders e disquetes com algumas fontes nossas. Vendíamos como verdadeiros feirantes. (LIMA. In: GOMES, 2010, p. 161.)

Figura 3.6 – Algumas fontes produzidas pelo grupo carioca Fontes Carambola entre 1998 e 2000. Na coluna da esquerda: Fontes Montevideo Estressado e Espieky Normal/Bold (de Guilherme Capilé) e Baigon (de Gustavo Ferreira). À direita: Fontes Zedsded (de Gustavo Ferreira), Giovanna (de Fabio Lopez) e Punheta de Bacalhau (de Emilio Rangel). Imagem cedida pelos autores dos trabalhos.

Segundo o relato do pernambucano Leonardo Costa – que assina seus projetos como Buggy –, ainda entre os anos de 1998 de 1999, surgiu no Recife o Tipos do aCASO, formado a partir de um grupo de estudos dedicado à tipografia, composto por Solange Coutinho, Márcia Maia, Moema Cruz, Miguel Sanches, além do próprio Leonardo Costa. Nas publicações encontradas a respeito, consta também a participação de outros jovens designers pernambucanos como Alex Carvalho, Helder Diniz, Marcos Buccini, Rodrigo Pires, Renata Faccenda e Joana Amador. O grupo desenvolveu tipos experimentais, alguns de caráter desconstrutivo, outros de referência vernacular, outros ainda de construção geométrica-modular. Produziu e distribuiu suas fontes digitais também de maneira independente em território nacional, tendo publicado um catálogo em maio de 2000.

Figura 3.7 – Algumas fontes produzidas pelo grupo pernambucano Tipos do aCASO entre 1998 e 2000: Cordel, Disquete, Oxe e Régua.

Sobre a primeira fase do grupo, de acordo com Leonardo Costa,

> Reverenciávamos o movimento O Gráfico Amador, mas buscávamos freneticamente entender os processos que nos levariam a produzir fontes digitais melhores. Promovemos uma série de cursos, exposições e fóruns com a generosa ajuda dos amigos Priscila Farias, Billy Bacon, Tony de Marco e Cláudio Rocha. Em paralelo, outros amigos, Cecília Consolo, Márcio Shimabukuro, Henrique Nardi, José Bessa e Cláudio Reston cuidavam de ajudar em nossa divulgação pelo eixo Rio/São Paulo. [...] No início da produção não tínhamos nenhuma referência. Pouco ou quase nada que tratasse de tipografia nos chegava. Não havia livros, catálogos, revistas. Não tínhamos acesso a nada. Falo do período que compreendeu 1995 a 2000. Mais tarde começamos a nos relacionar com designers de outros estados e países. Também o mercado editorial brasileiro tornou-se mais interessante e nossos recursos maiores. Tudo ficou mais fácil. A internet também ajudou bastante. (COSTA. In: GOMES, 2010, p. 195.)

A referência ao pouco acesso aos conhecimentos específicos é bastante recorrente em relatos de designers de tipos brasileiros, quando falam sobre a situação na década de 1990. Mas isso não impediu as iniciativas pioneiras de pessoas que pareciam querer, sobretudo, aprender fazendo. Com o tempo, o grupo pernambucano Tipos do aCASO ganhou novos contornos, passou a fazer parte de um escritório de design e a ter a sua produção inserida em outros projetos. Sobre os aspectos mercadológicos da produção, Costa complementa:

> Quando a Tipos virou unidade de negócios [...] a coisa mudou de figura. Passamos a desenvolver fontes sob demanda e a cobrar alto, inserindo tipografia em projetos maiores de design. Uma experiência muito lucrativa, em todos os sentidos. Utilizamos a tipografia como pivô para várias vendas na empresa, chegando mesmo a responder por 60% de seu faturamento. [...] (Idem, 2010, p. 197.)

No que diz respeito a fontes feitas sob encomenda, em 1998, a designer paulistana Fernanda Martins desenvolveu uma fonte tipográfica para a identidade corporativa da rede de postos de gasolina Graal (Figura 3.8). A fonte foi batizada com o mesmo nome e publicada posteriormente na Bienal de Design Gráfico, no ano de 2000. Também dentro de seus projetos feitos sob encomenda, entre 1999 e 2000, Martins desenvolveria ainda uma família tipográfica para a identidade corporativa da empresa aérea TransBrasil (Figura 3.8), a partir da demanda terceirizada por uma agência de publicidade. Entre suas produções tipográficas sob encomenda, desenvolveu ainda a fonte Ultra, para a identidade da empresa Ultragás. Esses projetos são importantes, pois mostram um movimento diferente daquele que predominou na produção tipográfica nacional durante a década de 1990. Nesse caso, tipos criados para compor as identidades visuais de grandes empresas já começariam a mostrar que, apesar de uma tendência geral de experimentação presente durante o período, outros caminhos mais focados em solucionar problemas visuais específicos também encontrariam seu lugar.

Graal 1234567890,!@$%
ABCDEFGHIJKLMNOPQRSTUVXYZ
abcdefghijklmnopqrstuvwxyz

TRANSBRASIL
ABCDEFGHIJKLMN
OPQRSTUVWXYZ
ABCDEFGHIJKLMNOP
QRSTUVWXYZ RAL

TRANSPASS
PASSE LIVRE
INTERBRASIL
REVISTA DE BORDO
PONTE TRANSBRASIL
TRANSBRASIL CARGO

Figura 3.8 – Alguns trabalhos de Fernanda Martins. Acima: Fonte Graal (1998), produzida para compor a identidade corporativa para a rede de postos de gasolina Graal. Abaixo: Fonte TransBrasil (1999-2000), projetada para a identidade corporativa da empresa homônima. Imagens cedidas por Fernanda Martins.

Desde o ano de 1997, os designers cariocas José Bessa e Claudio Reston, que assinavam projetos como Elesbão e Haroldinho, fizeram um considerável sucesso nacional, com seu periódico *Design de Bolso*, cheio de humor e de experimentações tipográficas. Em 1999 publicaram várias fontes de caráter experimental em um catálogo de divulgação, criando o grupo Tipopótamo Fontes, com atividades até o ano de 2001. Dentro da produção experimental, registra-se também, na cidade de

Curitiba, entre os anos de 1998 e 2000, o grupo Tipos Maléficos, formado pelos então estudantes Crystian Cruz, Beto Shibata e Marcus Colete. O Grupo se formou a partir de experimentos acadêmicos em disciplinas de Tipografia na Pontifícia Universidade Católica do Paraná (PUC-PR), terminando suas atividades no ano de formatura de seus membros. O Tipos Maléficos produziu materiais de divulgação da produção, como catálogos, posteres e camisetas, mas a distribuição comercial não pareceu ser seu foco. De acordo com a visão de Shibata, naquele contexto, "ninguém pagava para conseguir fontes". Em entrevista realizada, o designer conta ainda sobre suas principais influências dentro do grupo:

> Na época eu via bastantes coisas do Neville Brody, David Carson desconstruindo tipografias, e isto dava uma liberdade para querer estragar umas fontes também. Os catálogos e revistas como T-26, House Industries, Emigre, U&lc. Por aqui conheci e troquei muita informação com o pessoal da Subvertaipe [...], Caótica (Leonardo Eyer), e Tipopótamo [...] (SHIBATA. In: GOMES, 2010, p. 198.)

Dos três membros do grupo, apenas Crystian Cruz deu continuidade à atividade do design de tipos ao longo da década de 2000. Em âmbito profissional, desenvolveu alguns tipos customizados para revistas da Editora Abril, onde trabalhou por nove anos. Posteriormente, cursou o Master in Typeface Design na University of Reading, Inglaterra.

Em um período muito curto de tempo, vários grupos independentes foram formados. Considerando as tentativas de ocupar espaço, alguns optaram pelo caminho mais tortuoso: a aposta em um mercado nacional de consumo dos seus produtos. Outros estabeleceram contatos internacionais com empresas para distribuição de fontes nos Estados Unidos e Europa, principalmente. Outros, ainda, desenvolveram alguns projetos pontuais de fontes sob encomenda para empresas nacionais.

Rapidamente, as redes começaram a se formar. O grupo Gemada Tipográfica, de Brasília, fundado pelo designer Rafael Dietzsch em meados de 2000, foi mais uma manifestação dessa produção inicial da tipografia digital brasileira. Segundo o designer,

> A primeira vez que vi uma fonte brasileira foi em 1998, num catálogo da Subvertaipe. Produzir algo semelhante estava muito distante da realidade, pois mal tinha comprado meu primeiro computador. Quando familiarizei-me mais com o equipamento, resolvi procurar o Don [Gustavo Ferreira] e

> o Emílio [Rangel] da Carambola, que eu já conhecia há algum tempo. [...] Com a necessidade de divulgar todo esse trabalho, percebeu-se que era de vital importância a criação de um site para visualização e comercialização das fontes. (DIETZSCH. In: Tupigrafia, n. 3, p. 62-64, 2002.)

Embora não se tenha mais notícias sobre a produção do grupo, Dietzsch se mostrava bastante coerente, pois nos anos seguintes toda a comercialização de tipos digitais no mercado internacional passaria progressivamente a migrar para o comércio eletrônico, abandonando cada vez mais os sedutores, porém custosos, catálogos impressos.

Em paralelo aos esforços visando à consolidação profissional da área, articulam-se tentativas de caracterizar a especificidade do design de tipos digitais no Brasil. Esse tipo de preocupação pode ser observado na apresentação do livro *Fontes digitais brasileiras*, no qual Piqueira afirma que:

> [...] assistimos a uma série de designers brasileiros desenhando suas próprias fontes [...] trocando informações e, enfim, construindo a tal tradição tipográfica brasileira. (PIQUEIRA. In: FARIAS; PIQUEIRA, 2003, p. 07.)

Também já na primeira edição da revista *Tupigrafia* (2000), manifesta-se a intenção de observar uma "cultura tipográfica nacional", mesmo antes de ela estar difundida enquanto prática profissional. Nesse sentido há uma valorização explícita do universo vernacular urbano, que inclui letreiramentos feitos à mão por pintores de placas e murais e a produção dos pichadores em São Paulo. Dentro dessa mesma tendência situam-se as nove fontes, elaboradas por diferentes designers, baseadas nos painéis pintados pelo Profeta Gentileza, figura tradicional das ruas do Rio de Janeiro. Como também situam-se as tentativas de referência a um "Brasil profundo", como no caso das fontes baseadas no alfabeto armorial proposto pelo escritor pernambucano Ariano Suassuna, ou ainda a uma "essência brasileira". Sobre sua fonte intitulada Brasilêro [SIC], premiada na 6ª Bienal de Design Gráfico da ADG (2002), Crystian Cruz diz:

> A riqueza da escrita popular brasileira foi algo que sempre me fascinou, do desenho das letras à forma como elas estão dispostas. (...) Dessa admiração nasceu a vontade de criar uma tipografia digital que fosse um retrato desse tipo de expressão visual genuinamente brasileira. Dois anos depois, veio ao mundo a "Brasilêro", uma tipografia que busca mostrar a essência de nossa escrita popular. (CRUZ. In: Tupigrafia, n. 4, p. 69, 2003.)

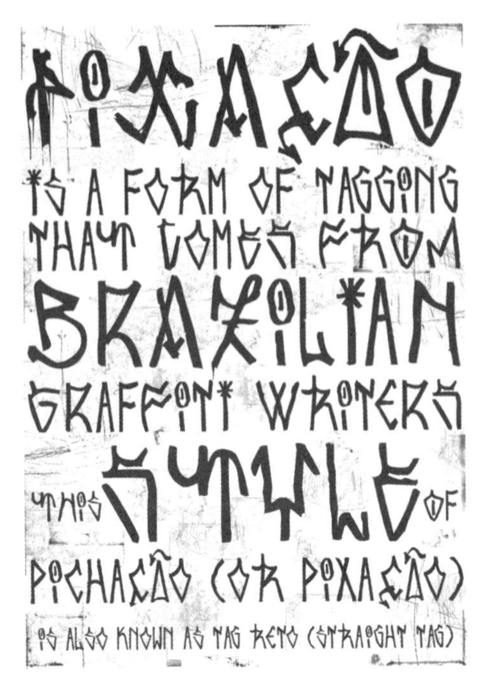

BRASILÊRO
PAÇOCA 1 RIAL
TEMOS MILHO VERDE
JESUS É O SINHÔ E AS ÁRVRES
SOMOS NOZES
AABBCCDDEEFFGGHHIIJJKKLLMMNN
OOPPQQRRSSTTUUVVWWXXYYZZ
1234567890 @&#$£¢¶!?*%()[]{}
GARAGEM AQUI NÃO

Figuras 3.9 e 3.10 – As fontes Adrenalina (2003-2007), de Gustavo Lassala, e Brasilêro (2002), de Crystian Cruz, ilustram alguns referenciais estéticos das fontes baseadas em escritas vernaculares. Imagem Adrenalina cedida por Gustavo Lassala. Imagem Brasilêro produzida pelo autor.

Dentro dos diferentes discursos a respeito desse tema, vemos que as figuras do homem pré-alfabetizado, ou daquele marginalizado, associam-se à busca de "essência", "tradição" e "identidade" brasileiras. A idealização do sujeito tradicionalmente territorializado, com forte vínculo com a terra, ou daquele desterritorializado, que caracteriza as "tribos" urbanas e a cultura marginal, buscariam valorizar o que é local em um mundo cada vez mais globalizado. Nos dois casos, a inclinação por um desenho "tosco", que intencionalmente foge ao padrão tradicional do refinamento da forma tipográfica, coloca-se como uma tentativa de aproximação com o mito da fundação e da criação espontânea. Independentemente de alguns bons resultados obtidos com base nessas premissas, elas não podem ser encaradas programaticamente como caminho definitivo para o design brasileiro de tipos. Sem invalidar a possibilidade desse ser um dos caminhos possíveis, Bonsiepe tem razão ao afirmar que:

> Se os países periféricos querem deixar sua posição e criar uma identidade contemporânea, devem olhar para o futuro,

> e não para o passado. [...] Identidade cultural é transparente para aquela pessoa que vive neste contexto. [...] A identidade se constitui no olhar do outro. Por isso, parece-me pouco produtivo considerar a identidade cultural como um bem escondido, que deveria ser traduzido em produtos ou artefatos gráficos. (BONSIEPE, 1997, p. 108.)

Neste sentido, face ao discurso da busca de uma identidade nacional em oposição à tradição europeia/ocidental, ganha consistência pragmática a ponderação de Claudio Rocha e Tony de Marco:

> Por um lado, nos ressentimos de uma cultura tipográfica mais forte. Por outro, estamos soltos para buscar nossa identidade tipográfica, sem ignorar esse patrimônio que a própria tipografia permitiu preservar. Novas regras, novos veículos, outro tipo de leitor. (ROCHA; DE MARCO. In: *Tupigrafia*, n. 5, p. 2, 2004.)

Desse modo, podemos dizer que essa, que chamamos de uma primeira fase do design brasileiro de tipos digitais, caracterizou-se fundamentalmente pela experimentação e por tentativas ora de territorialização, ora de desterritorialização, como busca da construção de identidades tipográficas locais. Com o maior contato de brasileiros com outras referências do exterior, aos poucos essas questões foram sendo relativizadas e a difusão do conhecimento propiciou outros horizontes paralelos.

3.4 A produção na década de 2000:
uma segunda fase do design brasileiro de tipos digitais – experiências internacionais e amadurecimento

Em 2001 colocou-se um novo marco qualitativo em nossa produção. A família tipográfica Houaiss, projetada por Rodolfo Capeto exclusivamente para o dicionário homônimo, criou uma nova referência, tanto por ser uma família para texto (em oposição aos tipos *display*), quanto pela diversidade de versões que apresenta. Apresentou-se como o mais completo e complexo projeto tipográfico sob encomenda desenvolvido no País até aquele momento, focado na reprodução tipográfica em corpos reduzidos e na leitura de consulta. Rapidamente, percebe-se que é possível desenvolver projetos de alta complexidade técnica em território brasileiro. Em pouco tempo outras famílias para texto surgiriam, configurando um segundo momento na área de design de tipos digitais no Brasil.

abcdefghijklmnopqrstuvwxyz
ABCDEFGHIJKLMNOPQRSTUVWXYZ
1234567890 *abcdefghijklmnopqrstuvwxyz*
ABCDEFGHIJKLMNOPQRSTUVWXYZ
1234567890
abcdefghijklmnopqrstuvwxyz
ABCDEFGHIJKLMNOPQRSTUVWXYZ
1234567890
abcdefghijklmnopqrstuvwxyz

Houaiss

itálico **negrito** ***negrito itálico***

VERSALETE *VERSALETE ITÁLICO*

VERSALETE NEGRITO

Figura 3.11 – Família Houaiss (2001), de Rodolfo Capeto. Imagem cedida por Rodolfo Capeto.

Ainda no início da década de 2000 alguns designers brasileiros se especializaram formalmente em design de tipos na Europa – fato que trouxe novas experiências para o cenário nacional. É o caso de Eduardo Berliner, que, no ano de 2003, fez seu mestrado em Typeface Design na University of Reading, na Inglaterra, e Yomar Augusto, que fez o curso de mestrado Type&Media, na Royal Academy of Arts, em Haia, na Holanda, entre os anos de 2004 e 2005. Na segunda metade da década, outros teriam experiências semelhantes, como Gustavo Ferreira (Haia, 2005-2006), Fernando Mello (Reading, 2007), Gustavo Soares (Haia, 2007-2008), Haroldo Portella (curso de mestrado Tipografía Avanzada, na Universidad Autónoma de Barcelona, 2008) e, ainda mais recentemente, Crystian Cruz (Reading, 2009), todos desenvolvendo excelentes famílias de tipos para texto em solo europeu.

No catálogo da 6ª Bienal de Design Gráfico, em 2002, viu-se como destaque, entre vários projetos inscritos, a citada família tipográfica *display* Seu Juca (Figura 1.7), de Priscila Farias, representando o universo vernacular na criação de tipos.

Sobre o contexto de seu desenvolvimento e processo de criação, Farias relata:

> Desenvolvi esta família porque fiquei muito fascinada pelo trabalho do Seu Juca. [...] Lembro-me até hoje de como fiquei intrigada ao ver a fachada da sapataria, submersa em placas coloridas, pela primeira vez. [...] Voltando a São Paulo, preparei um artigo para a *Tupigrafia* no qual fazia uma análise dos estilos de letras pintados pelo Juca. As letras que simulavam tridimensionalidade, com sombras curiosas, foram as que me pareceram mais originais. Comecei redesenhando algumas, que estavam pintadas em uma placa que comprei, para escrever o título da matéria, e depois me animei e completei um conjunto básico para ortografias europeias ocidentais. É claro que tive que inventar muita coisa, como a arroba e o e-comercial, que o Seu Juca nunca desenhou. [...] As variações dentro da família, apesar de funcionarem vinculadas às variações de negrito e itálico, não são de peso ou de inclinação, mas sim no posicionamento das sombras. (FARIAS. In: GOMES, 2010, p. 193.)

A família Seu Juca deu continuidade a uma das tendências projetuais de fontes *display*, iniciada na década de 1990, cujas principais influências foram referências vernaculares. A partir da década de 2000, pôde-se ver várias dessas tendências funcionando em paralelo – algumas no sentido do desenvolvimento de fontes *display* cuja expressividade fica mais evidente, outras no sentido do desenvolvimento de fontes para texto de imersão, em que a personalidade na forma atua de maneira mais discreta e mais próxima da tradição.

Na primeira exposição TypeCon 2003/Letras Latinas, foram apresentadas as fontes para texto Nova, de Priscila Farias e a família Lira Sans, do paulistano Eduardo Omine. No mesmo ano, Tony de Marco e seu irmão Caio de Marco desenvolveram a família para títulos Samba (Figura 3.12), inspirada em letreiramentos do ilustrador J. Carlos e no movimento Art Deco. A família Samba rendeu aos designers um prêmio no International Type Design Contest, promovido pela fundidora Linotype. Juntamente com a família tipográfica dos irmãos

De Marco, foi premiada também a família Beret (Figura 3.13), desenvolvida por Eduardo Omine. Ambas as famílias viriam a ser comercializadas posteriormente pela mesma Linotype. Entre os jurados do concurso houve nomes bastante conhecidos e respeitados como Jill Bell, Edward Benguiat, John Hudson, Erik Spiekermann, Gerard Unger e Akira Kobayashi. Esse foi, sem dúvida, mais um marco importantíssimo no processo de consolidação do design de tipos no Brasil.

Figura 3.12 – Família Samba (2003), Tony e Caio de Marco. Imagem produzida pelo autor.

Quando da ocupação holandesa do Brasil, teria havido arte impressória. Começou por se afirmar que um tal tipógrafo holandês, de nome Brée, teria aí instalado uma Breezily jangling $3,416,857,209 wise advertiser ambles to the bank, his exchequer amplified. **It is from these specimens of the refuse of our Nobility that would dictate their entire suppression, by enacting that all who fail to pass the Final Examination of the University should be either imprisoned for life, or**

Figura 3.13 – Família Beret (2003), de Eduardo Omine. Imagem cedida por Eduardo Omine.

Sobre o desenvolvimento da família Samba, criada a partir de uma matéria para a revista *Tupigrafia* nº 4, Tony de Marco relata:

> Uma fonte, originalmente chamada "Melindrosa", foi desenvolvida para ilustrar tal artigo, baseada nos minúsculos caracteres com os quais J. Carlos escrevia as datas e o preço nas capas das publicações que ilustrou. A pesquisa se deu com a ajuda do desenhista, caricaturista e pesquisador Cassio Loredano. Ao mostrar a revista na Typecon [Minneapolis, EUA] daquele ano [2003] fui estimulado por amigos a desenvolver uma família para o concurso da Linotype. As versões "Regular" e "Bold" são uma transposição das letras de J. Carlos, enquanto que a versão "Expert" é uma criação minha, desenvolvida por Caio de Marco, baseada nas formas espiraladas das ferragens de portões e grades do século XIX e início do século XX. (DE MARCO. In: GOMES, 2010, p. 199.)

A família Samba obteve, na ocasião do concurso, grande visibilidade internacional, bem como a família Beret, de Eduardo Omine. De acordo com informações fornecidas ao autor, Omine relata que começaria a desenvolver fontes digitais ainda em 1999. Em 2002 seu projeto de conclusão de curso na Faculdade de Arquitetura e Urbanismo da Universidade de São Paulo (FAU-USP) foi também um projeto de família tipográfica. Em 2003 Eduardo Omine passou a participar assiduamente do fórum na Web, Typophile, e a comprar livros importados sobre tipografia. Dentro de sua produção, de acordo com o designer, a família Beret:

> É um marco importante. Em primeiro lugar, representa a passagem de um período de estudos para um período de produção "autoral". [...] Foi com a Beret, desenvolvida em 2003, que consegui alcançar um equilíbrio entre técnica e personalidade: o desenho "correto" das letras com a personalidade geral da família tipográfica. Acho que a UltraGotica e a Nabuco, que vieram depois, também são bons exemplos dessa conjunção entre técnica e personalidade, um aspecto que considero essencial em type design. [...] Em segundo lugar, ela representa o reconhecimento internacional e a inserção no mercado internacional. A menção honrosa no concurso da Linotype [...] foi uma grande recompensa. Depois desse prêmio, fiquei mais empolgado com o type design e decidi que passaria a vender meus trabalhos seguintes através do MyFonts. (OMINE. In: GOMES, 2010, p. 200.)

A família Beret se enquadra na tendência projetual de famílias com grande quantidade de variações de peso, conforme vimos explicitado no tema abordado no Capítulo 2, sobre as superfamílias tipográficas. Embora não possa ser enquadrada como uma superfamília em estrito senso (que costumam ter outras variações estilísticas como alternância de serifas, mudanças de contraste e de largura) essa família ilustra bem a progressiva ampliação de variáveis tipográficas em projetos produzidos por brasileiros.

Ao longo da década de 2000 foram desenvolvidas famílias cada vez mais complexas em termos de variações de peso, largura, inclinação, entre outros elementos construtivos. Nesse tipo de projeto tipográfico, com certa frequência, são necessárias definições de variáveis sob as quais o desenho irá se comportar, na construção de identidade e alteridade entre diferentes fontes numa mesma família. Bons exemplos brasileiros de manifestações desse movimento de complexificação da atividade, além da já citadas Beret, de Eduardo Omine, são o sistema Elementar (Figura 2.2) e a família UnB, ambas de Gustavo Ferreira. A Elementar foi iniciada por Ferreira durante seu trabalho de conclusão de graduação na ESDI/UERJ, desenvolvida para leitura em telas de computador, enquanto a UnB, foi projetada para a identidade visual da Universidade de Brasília.

O sistema Elementar é uma das poucas produções brasileiras de grande complexidade feitas exclusivamente para a mídia tela, tendo o *pixel* como elemento fundamental. Atualmente, parte da família é comercializada pela fundidora Typotheque, do designer Peter Bil'ak, com sede na Holanda, onde Ferreira passou a residir. Sobre esse projeto, Ferreira pontua:

> [...] eu me propus a fazer uma família, ou um sistema tipográfico, que oferecesse uma maior variedade para tela. [...] No Elementar [...] os parâmetros foram baseados no pixel, então, por exemplo, as larguras eram 1 pixel no olho da letra, 2 pixels, 3 pixels. Em relação às alturas, eu comecei por 9 pixels (indo da ascendente à descendente), mas depois passei para 13 pixels, por que achei mais produtivo trabalhar nesse tamanho. Então para fazer a altura de 11 pixels eu partia do desenho de 13 e ia mudando manualmente. [...] (FERREIRA. In: GOMES, 2010, p. 167-168.)

Outro elemento determinante para o desenvolvimento da cena tipográfica nacional foram os sistemas de comunicação instantânea na Web, conforme problematizado no Capítulo 2. No âmbito da criação de tipos para venda no varejo, nos últimos anos o mercado parece ter migrado em definitivo para a rede mundial de computadores. Logo, mais um parâmetro de avaliação das fontes nacionais começou a se fazer presente: as vendas. Paralelamente às grandes discussões conceituais, ainda no ano de 2004 o mineiro Eduardo Recife, com sua fundidora digital Misprinted Type, sorrateiramente posicionou sua expressiva família Great Circus (Figura 3.14) no topo da lista de *best sellers* do portal MyFonts. Sua família, que ao mesmo tempo sugere a manualidade e a imprecisão, foi ainda selecionada pelo próprio MyFonts como a melhor família *grunge* publicada no ano de 2004, e também entre as 10 melhores entre todas as publicadas naquele ano em seu portal de vendas. Segundo Recife,

> Conheço *Foundries* de excelente qualidade que fazem poucas vendas no ano. Nem sempre é fácil e barato se fazer uma divulgação adequada. No caso da Misprinted Type, eu tive sorte de ter um bom número de acessos diários ao site e isso certamente ajudou na divulgação e venda de fontes. (RECIFE. In: *Tupigrafia*, n. 6, p. 46, 2005.)

Na 7ª edição da Bienal da ADG (2004) estiveram presentes famílias para texto como a Cruz Sans, de Crystian Cruz, desenvolvida para publicações da Editora Abril; a Thanis (Figura 3.15), de Luciano Cardinali, desenvolvida para a Revista da ADG; a Foco (Figura 3.16), de Fabio Haag; a Colônia (Figura 3.17), de Fabio Lopez, entre outras produções. Em relação à família Foco, o projeto teria sido iniciado no citado *workshop* do designer suíço Bruno Maag, em 2002. Foi desenvolvida nos anos posteriores, quando Haag passou a trabalhar na empresa britânica Dalton Maag. Uma vez concluída, integrou o catálogo da mesma empresa, por onde passou a ser comercializada. Em 2008, a família Foco ganhou, ainda, versões itálicas em quatro pesos, complementado os quatro pesos romanos feitos anteriormente.

Figura 3.14 – Fonte Great Circus (2004) em sua versão Dirty, de Eduardo Recife. Imagem cedida por Eduardo Recife.

abcdefghijklmnopqrstuvwxyz
ABCDEFGHIJKLMNOPQRST
abcdefghijklmnopqrstuvwxyz
ABCDEFGHIJKLMNOPQRST
abcdefghijklmnopqrstuvwxyz
ABCDEFGHIJKLMNOPQRST

Figura 3.15 – Família Thanis em suas versões Display, de Luciano Cardinali, projetada inicialmente para a Revista da ADG. Imagem cedida por Luciano Cardinali.

Com formas abertas
e arredondadas,
a família tipográfica Foco
é amigável e convidativa,
refletindo
a personalidade
do povo brasileiro

Figura 3.16 – Família Foco (2002-2008), de Fabio Haag. É atualmente comercializada pela fundidora inglesa Dalton Maag. Imagem cedida por Fabio Haag.

colonia Hamburgefonstiv

Com um conceito híbrido e algumas peculiar
família tipográfica de texto, executada sobre ri
inicialmente na textura das letras góticas frat
perfeição do acabamento tecnológico. Conta c

Figura 3.17 – Fonte Colonia Regular (1999-2003), de Fabio Lopez. Foi iniciada em 1999 e modificada em 2000, durante seu trabalho de conclusão de graduação na Esdi/Uerj. Imagem cedida por Fabio Lopez.

A família Colonia foi iniciada por Fabio Pinto Lopes de Lima – o Fabio Lopez – durante seu projeto de conclusão de graduação na ESDI/UERJ, tratando de uma reflexão sobre os tipos para textos de imersão e um projeto prático que geraria a família. Sobre seu contexto de desenvolvimento, o designer relata:

> Mostrei alguns primeiros desenhos de letras para o prof. Rodolfo Capeto e ele fez algumas considerações sobre a estrutura destas. Ele fez algumas correções importantes, disse que aquela seria uma tipografia para logotipo e que existiria uma diferença em relação a essa categoria e a da tipografia para texto. Fiquei instigado com aquilo, pois me parecia que a tipografia para texto seria um desafio maior. [...] No projeto de graduação [...] achei que seria mais interessante ainda se eu conseguisse aplicar, de forma prática, aquelas informações no desenvolvimento de uma família tipográfica. Após o término da graduação ainda ampliei a família Colonia, por volta de 2003, fazendo algumas correções, e resolvi inscrevê-la na Bienal da ADG e na Bienal Letras Latinas. A partir desse ano, foi um período muito pequeno em que a coisa mudou de nível, com vários outros designers dando saída a projetos de bastante qualidade. (LIMA. In: GOMES, 2010, p. 161-162.)

2004 foi também o ano da citada primeira Bienal Letras Latinas. A Bienal reunia os trabalhos feitos por designers de tipos latino-americanos nos últimos anos, entre eles brasileiros como Luciano Cardinali e suas famílias Paulisthania, Thanis, Reich e Kashemira; Claudio Rocha e suas bem-humoradas Perplexiva, Liquid Stencil e Akrylicz Grotesk; Priscila Farias com sua família para textos Nova e sua já citada família display Seu Juca; Fabio Lopez com suas Ryad, Tibhet, Bankok, Giovanna e Colonia; Crystian Cruz com as famílias Cruz Sans e Rodan, feita para a revista *Quatro Rodas*; Leopoldo Leal e suas Flor de Lácio, Cacografia e Caligrafia; Ericson Straub com suas Céltica, Waimiri, Noebauhaus, Palumbo, Pero Vaz, Indo-América e Free; Eduardo Braga com seus tipos Nossa Senhora de Bom Sucesso e Núcleo de Design; Tony de Marco com a já citada Samba; Gustavo Piqueira com os tipos Final, Motordrome e Cabourg; Fernanda Martins com sua Paulista Regular; Marcio Shimabukuro, com seu tipo Heresia; Yomar Augusto com suas Virgem, Líquida e Dizain; e Eduardo Omine com sua família para textos chamada Lalo.

A produção brasileira começa a dar um salto, tanto no sentido qualitativo quanto quantitativo. Outras influências de professores nas universidades brasileiras se mostraram presentes, como fica evidenciado no caso de alguns designers que tiveram sua formação na Universidade de São Paulo (USP). Segundo Eduardo Omine:

> Meu primeiro contato sério com tipografia foi em 1999, quando eu cursava uma disciplina de programação visual na FAU (Faculdade de Arquitetura e Urbanismo da USP) sob orientação do professor Vicente Gil. Nessa época, ele defendeu sua tese de doutorado, "A Revolução dos Tipos", um livro que mistura história da tipografia com trabalhos gráficos experimentais. Esse livro me mostrou que havia coisas mais interessantes do que fontes grunge ou pixel, e me estimulou a estudar o assunto com mais profundidade. (OMINE, 2006. Disponível em: <http://tipograficamente.blogspot.com/2006/04/entrevista-4-eduardo-omine.html>. Acesso em: 23 nov. 2008.)

A influência do professor Vicente Gil apareceria novamente quando, em 2006, Fernando Mello publicou sua família chamada Mello Sans (Figura 3.18), desenvolvida em seu trabalho de conclusão da graduação (sob orientação de Gil na mesma FAU-USP). A MelloSans foi publicada na Bienal Letras Latinas de 2006, bem como na 8ª Bienal da ADG, no mesmo ano. Segundo informações obtidas com o designer, antes da MelloSans, Fernando Mello já teria feito fontes *display* e *dingbats*, mas esse projeto, iniciado em 2004, seria sua primeira experiência no desenvolvimento de tipos para texto. A importância da publicação *A Revolução dos Tipos*, de Gil, fica novamente evidenciada no relato de Mello, bem como outras influências:

> [...] motivado pelas aulas e pela pesquisa de doutorado do professor de FAU Vicente Gil Filho, intitulada "A Revolução dos Tipos", resolvi encarar o desafio de desenvolver uma família sans-serif como trabalho de conclusão da faculdade. Estava trabalhando bastante com ilustração vetorial naquela ocasião, e meu controle sobre a bézier tool estava se refinando cada vez mais. Durante 9 meses, desenvolvi então 10 pesos, 5 romanos e mais os 5 itálicos complementares. [...] O modelo neo-humanista de fontes como Frutiger [de Adrian Frutiger] e TheSans [de Lucas de Groot] foi o partido adotado pela sua praticidade e funcionalidade em diversos meios, e a ideia central do projeto foi fazer uma fonte de texto o mais simples, funcional e legível possível. [...] Baseei-me essencialmente na escassa informação presente nos não tão numerosos livros sobre typedesign ao meu alcance no momento, e também em informações e discussões disponíveis na internet, sobretudo no fórum Typophile. (MELLO. In: GOMES, 2010 p. 204.)

A MelloSans passaria ainda por outros refinamentos nos anos posteriores, após o contato de Mello com professores como Gerard Unger, durante seu curso de mestrado em Typeface Design, na University of Reading, na Inglaterra. Mais recentemente, foi incorporada como família institucional que compôs a identidade visual da Bienal Tipos Latinos 2010 (4ª Bienal Latino-Americana de Tipografia).

Tipos Latinos 2010
¡Peligrosa!
Forma, função & usos específicos
MelloSans

humanista sem-serifa
936.487+123.850
Tim Maia & Jorge Ben
Sambasoul'68
Forma, função & usos específicos

Figura 3.18 – Família Mello Sans (2005-2009), de Fernando Mello. Selecionada nas Bienais Letras Latinas e da ADG em 2006. Sua última versão, resdesenhada, compõe a identidade visual da Bienal Tipos Latinos 2010. Imagem cedida por Fernando Mello.

Em 2006 ocorreu a citada segunda Bienal Letras Latinas. Além da família de Fernando Mello, a segunda edição da Bienal Latino-Americana de Tipografia reuniu também trabalhos de outros designers brasileiros como Roberto Raúl Janz, com sua família Póstuma; Gustavo Lassala com sua Boqueta; Fabio Haag, com sua FH After; Dimitre Lima, com seu tipo experimental Clave de Fá; Marcel Pereira Ursini, com seu Cubius Concretus; Rogério Lionzo, com sua Goteira, além de Yomar Augusto, com família para textos Dendekker (Figura 3.19).

My recognition that an educator
teaching literacy
Are all patterns of dominance equal?
A obra de Paulo Freire, tem, visivelmente, essa conexão marxista.

Figura 3.19 – Família Dendekker (2004-2005), de Yomar Augusto, em suas versões Regular, Italic e Bold. Foi selecionada na segunda Bienal Latino-Americana de Tipografia (Letras Latinas 2006). Imagem cedida por Yomar Augusto.

No que diz respeito à família Dendekker, é visível que a experiência de Yomar Augusto como calígrafo influenciou diretamente seu trabalho tipográfico. Sobre sua experiência com essa família, desenvolvida no curso de Mestrado Type&Media, na cidade de Haia, na Holanda, Augusto relata:

> O projeto Dendekker visava uma mistura entre a caligrafia e a tipografia no primeiro plano, com um segundo objetivo de entender um pouco mais sobre types de texto e suas particularidades de construção, e detalhes. [...] Nunca foi minha meta me tornar um "type designer" para tipos de texto, meu objetivo sempre foi desenhar logotipos customizados e tipos display de qualidade. Porém ter investido 1 ano da minha vida nesse estudo, expandiu muito minhas possibilidades. [...] Os holandeses tem a capacidade de entrar no seu cérebro muito forte, são 500 anos de tradição tipográfica. Então é importante você saber o quer fazer, ou então eles irão dizer o que você tem que fazer, que às vezes não é o melhor. [...] (AUGUSTO. In: GOMES, 2010, p. 202.)

Fica claro, portanto, que essa experiência com os holandeses também influenciou, de certo modo, o trabalho de Yomar Augusto. É interessante notar como o repertório cultural de países de longa tradição tipográfica podem acabar guiando as abordagens projetuais para um determinado escopo, no caso de designers brasileiros com formação na Europa. Interpretando as palavras de Augusto, quando diz que "os holandeses tem a capacidade de entrar no seu cérebro muito forte", é possível dizer que essa influência pode se aproximar de uma ação viral, em muitos casos, modificando consideravelmente os caminhos seguidos pelos designers de tipos. Por outro lado, esse intercâmbio cultural parece ter trazido resultados muito positivos para o resultado final da família Dendekker.

Na Bienal da ADG de 2006, viu-se ainda a fonte Doo Sans, de Eduilson Coan e a Estado Serif, desenvolvida para o jornal *Estado do Paraná* pela empresa Straub Design, que teve na equipe os designers Ericson Straub, Eduilson Coan e Fabio Augusto. A exemplo da família Houaiss, de Rodolfo Capeto, relatada anteriormente, o projeto Estado Serif (Figura 3.20) é de particular interesse, por ter sido feito sob encomenda para uma situação de design específica e com grande controle sobre sua aplicação final. A esse respeito, Eduilson Coan indica alguns desafios enfrentados:

> [...] [1] Curto prazo para a criação (30 dias para a criação do arquivo digital da fonte e mais 10 dias para implantação e ajustes necessários). [2] O desenvolvimento de um set de caracteres completo, que até o momento eu nunca tinha

> projetado. [3] Adequar o arquivo final da fonte para todos os meios de impressão utilizados no jornal. [...] Junto com Ericson Straub desenvolvemos uma pesquisa inicial em jornais do Brasil e da Europa. [...] Com a mesma equipe trabalhando na reformulação gráfica e no design da tipografia foi mais fácil limitar parâmetros e o real uso para a fonte. (COAN. In: GOMES, 2010, p. 208.)

Sobre algumas características particulares dessa família, Coan ainda destaca:

> [...] Iniciados os rafes, a busca era por manter a identidade do jornal, somando pequenos detalhes exclusivos de tipos para títulos de jornais que foram: [1] Uma serifa mais curta, proporcionando o uso do espaço entre as letras menor, em consequência o ganho de toques para a criação de títulos pelo jornalista. [2] Ascendente e descendente mais curtas, possibilitando entrelinhas mais próximas, aumentando o ganho de espaço para as matérias. [3] Contraste das letras adequado ao uso em títulos. (Idem 2010: 209)

Assim, fica evidenciado que esse modo de abordagem projetual se diferencia das fontes em catálogo, não somente pelo modo como essas ferramentas são disponibilizadas, mas pela diferença pragmática envolvida no momento do projeto, em que os parâmetros de aplicação podem ser, ao mesmo tempo, mais rígidos e com verificação imediata.

ABCDEFGHIJKLMNOPQRSTUVWXYZ
abcdefghijklmnopqrstuvwxyz

ABCDEFGHIJKLMNOPQRSTUVWXYZ
abcdefghijklmnopqrstuvwxyz

ABCDEFGHIJKLMNOPQRSTUVWXYZ
abcdefghijklmnopqrstuvwxyz

Duas semanas depois, terror volta a atacar Londres

Foram mais 4 explosões, mas desta vez só uma pessoa ficou ferida

Exatamente duas semanas depois dos atentados que deixaram 56 mortos e setecentos feridos, Londres voltou ontem a ser alvo de ataques terroristas. Quatro explosões sincronizadas, de pequena intensidade, causaram pânico e tumultuaram o trânsito. A Scotland Yard prendeu dois suspeitos. **Página**

MENSALÃO

Políticos do PSDB e PFL

CPI DOS CORREIOS

Mulher do publicitário mineiro vai

Figura 3.20 – Família Estado Serif (2005), de Ericson Straub, Eduilson Coan e Fabio Augusto, em suas versões Bold, Normal e Italic. Imagem cedida por Eduilson Coan.

Em 2008, aconteceu a citada terceira edição da Bienal Latino-Americana de Tipografia – agora intitulada Tipos Latinos. A exposição mostrou famílias tipográficas de alto nível como a Frida, de Fernando Mello, desenvolvida para uso em periódicos, durante seu curso de mestrado em Reading, e a Adriane Text, criada pelo designer autodidata Marconi Lima, do Amapá, para uso em livros.

Expuseram também na Bienal daquele ano os designers Francisco Martins, com sua Nova Sans, comercializada a partir de 2009 por meio do revendedor MyFonts; Eduilson Coan com sua família Ninfa, publicada comercialmente a partir do mesmo ano, também pelo MyFonts; Jarbas Gomes, com sua Boldoni Gray; Gustavo Garcia, com o tipo Flat Pipe; Anderson Machio, com sua Chumbitos; a equipe de Vicente Pessôa, Tiago Porto e Zed Martins, com o tipo *bitmap* Processual; além de Ricardo Esteves, com suas Maryam, de caráter caligráfico, e Jana Thork (Figura 3.21). Essa última se trata de uma família *display* concebida a partir de uma construção híbrida, que combina diferentes estilos de escritas históricas como o uncial, o semiuncial, e a maiúscula romana. Nela foram incorporadas ainda diferentes ligaturas e ornamentações opcionais, programadas no arquivo OpenType.

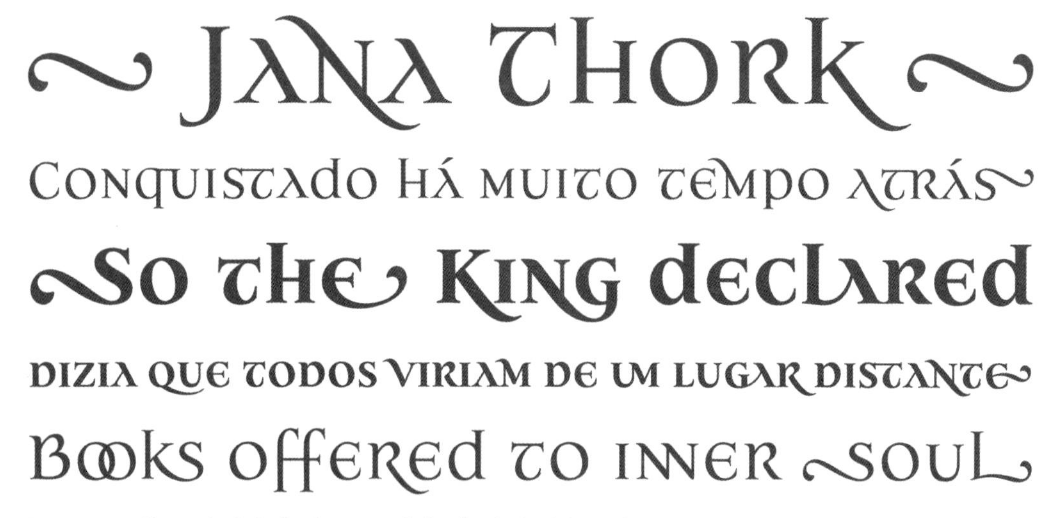

Figura 3.21 – Família Jana Thork, de Ricardo Esteves, selecionada pela Bienal Tipos Latinos 2008 na categoria "títulos".

Sobre a família Adriane Text (Figura 3.22), Marconi Lima relata ter sido seu primeiro projeto tipográfico. No depoimento do designer fica evidenciado o paradigma da *transparência* atuando em sua perspectiva de projeto, porém sem que esse conceito estivesse em oposição à *personalidade* no que diz respeito à concepção formal:

> O desenvolvimento do projeto permitiu que houvesse a chance de realizar uma imersão em aspectos que contornam o design de tipos, sejam eles históricos, linguísticos, estéticos, técnicos, entre outros. A escolha por um tipo serifado, para uso editorial, foi o objetivo que norteou todo o movimento de pesquisa projetual. [...] De certa forma, aquilo que eu desenhei já estava sutilmente em minhas preferências visuais, apenas adicionei um pouco de personalidade ao design da fonte. Um aspecto muito importante é o fato de que a Adriane deveria "sumir", permitindo que o leitor pudesse efetivamente ser convidado a "passear" pela mancha de texto confortavelmente. Creio que a fonte logrou esse objetivo. (LIMA. In: GOMES, 2010, p. 211.)

ADRIANE TEXT

Mora na filosofia, para que rimar amor e dor

Se seu corpo ficasse marcado

por lábios ou mãos carinhosas eu saberia, ora vai mulher.

Seu caso não é de ver para crer

Eu vou te dar a decisão, botei na balança e você não pesou

MORA NA FILOSOFIA, PARA QUE RIMAR AMOR E DOR?

Figura 3.22 – Família Adriane Text, de Marconi Lima, selecionada pela Bienal Tipos Latinos 2008 na categoria "família". Imagem produzida pelo autor.

Com a estreia de sua fundidora digital Typefolio, Lima comercializa a família Adriane por meio de grandes revendedores internacionais como MyFonts, Veer, TypeTrust e Fontshop. Com esse projeto, Lima gerou uma "boa repercussão obtida no mercado e entre profissionais reconhecidos da área", segundo as palavras do designer, em entrevista realizada.

No que diz respeito à família Frida (Figura 3.23), Fernando Mello relata que foi inicialmente pensada para uso em jornais, composta por três pesos romanos e um itálico, além de uma versão no sistema de escrita Tamil, presente no sul da Índia, bem como no Ceilão, Singapura e Sri Lanka. Sobre seu desenvolvimento, Mello diz que:

> [...] suas proporções foram pensadas com características de textos para jornais em mente, como espacejamento econômico, ascendentes e descendentes curtas, caráter robusto, etc. [...] foram incorporadas inktraps para compensação de distribuição de peso e também para melhor desempenho em condições não ideais de impressão. Inspira-se fortemente no modelo Ionic ou Clarendon, das primeiras fontes produzidas especificamente para jornais, porém traz um aspecto mais livre e caligráfico ao modelo, o que pode ser considerado pelos mais puristas como algo não-desejável para jornais mais sérios e abrangentes, fazendo assim a família ser indicada também para outros usos como revistas e outros tipos de publicação. Procurei fugir do modelo "institucionalizado" atualmente para fontes de jornal, que se baseia normalmente na Swift de Gerard Unger, e busquei inspiração em fontes mais antigas como Century Gothic, Ionic, etc. (MELLO. In: GOMES, 2010: 206.)

Conforme dito pelo designer, a família transcende alguns costumes formais adotados atualmente em fontes para jornais de grande abrangência, geralmente com serifas e terminais retos, de acabamento geometrizante. O interesse em criar alguma diferença visível, mesmo estando imerso em um ambiente altamente conservador como o de Reading, parece ter gerado um excelente resultado. A incorporação de um sistema de escrita com estrutura bastante distinta do latino, torna esse projeto particularmente interessante pela sua complexidade. No mesmo ano de 2008, a família Frida ainda rendeu a Mello uma premiação no Tokyo TDC Annual Awards.

Figura 3.23 – Família Frida, de Fernando Mello, também selecionada pela Bienal Tipos Latinos 2008 na categoria "família", como um dos destaques de qualidade da mostra. Imagem cedida por Fernando Mello.

Ainda em 2008, Eduardo Recife posicionou, pela segunda vez, uma de suas produções entre as dez melhores do ano no MyFonts, segundo critérios de seleção do próprio distribuidor, baseados no volume de vendas. Dessa vez foi o caso da fonte HandMade (Figura 3.24), em que cada letra se apresenta praticamente como uma ilustração singular, ou como capitulares, com sombras, fios, texturas e ornamentações. Suas características visuais em muito se comunicam com os demais trabalhos de Recife como designer gráfico, sempre cheios de colagens e ilustrações enigmáticas. Na fonte HandMade, o autor parece dedicado a causar alguma estranheza. Seus glifos parecem vir de origens distintas e, com isso, o trabalho termina por manifestar uma visualidade decorativa bastante peculiar.

Figura 3.24 – Fonte HandMade (2008), de Eduardo Recife. Imagem cedida por Eduardo Recife.

No ano de 2009, aconteceu, em São Paulo, a 9ª Bienal de Design Gráfico da ADG. Entre as fontes selecionadas para a mostra, estiveram a já citada Processual, de Vicente Pessôa, Tiago Porto e Zed Martins; a família sem serifa para textos Japiassu, de Daniel Edmundson, Eduardo Rocha e Gustavo Gusmão; a família para textos Cosac Naify, projetada por Nikolas Lorencini, iniciada em seu trabalho de conclusão de graduação sob orientação de Priscila Farias; a fonte Andarilho, uma *display* de Mariana Hardly; a família Kuat, projetada para a nova identidade visual dessa marca de refrigerantes da Coca-Cola Company, por Thiago Shardong, Chris Calvet e Marcos

Leme; e a fonte Knight Frank (Figura 3.25), projetada por Fabio Haag, da Dalton Maag, para a identidade visual da agência imobiliária inglesa homônima.

Figura 3.25 – Fonte Knight Frank, de Fabio Haag. Imagem cedida por Fabio Haag.

Em 2010 aconteceu a quarta Bienal Latino-americana de Tipografia (Tipos Latinos 2010), em que foram selecionados trabalhos brasileiros como as famílias para textos Monarcha (Figura 3.26), de Isac Corrêa Rodrigues, comercializada a partir do mesmo ano pelo MyFonts; FS Jack, do brasileiro Fernando Mello e do inglês Jason Smith, desenvolvida e comercializada pela Fontsmith; e Arauto (Figura 3.27), de Fernando Caro, voltada para a aplicação em jornais e ainda não comercializada. Entre as fontes para texto de um só peso, foram expostas também a Petra, de Fernando Caro; e a Voces, desenvolvida pela brasileira Ana Paula de Bragança Megda em parceria com o argentino Pablo Ugerman, com o objetivo de criar uma solução gráfica para os signos fonéticos do International Phonetic Alphabet (IPA), para uso em dicionários. Entre as fontes *display*, destacaram-se a família Force, de Ricardo Esteves – uma família de peso extremo, com quatro fontes, voltada para textos breves que demandem grande presença visual –; a fonte Adriane Lux (Figura 3.28), de Marconi Lima – uma complementação da citada família Adriane, que simula a tridimensionalidade das letras gravadas em pedra –; além da fonte Boneca de Pano, de Pedrina Reis, voltada para o universo infantil.

A família Monarcha se destaca por ter recebido o certificado de excelência pelo júri dessa edição. Possui um contraste fino/groso moderado, o que facilita a redução a pequenos tamanhos de corpo. Segundo relatos do seu autor, Isac Corrêa Rodrigues, o projeto teria tido como principal referência os impressos com os primeiros tipos romanos, adotando ainda irregularidades dos tipos no período barroco e algumas formas derivadas da letra gótica rotunda. Com uma grande quantidade de referências misturadas, o resultado parece ter sido uma família para textos em livros com bastante personalidade, de modo a seduzir o leitor a imergir no conteúdo verbal.

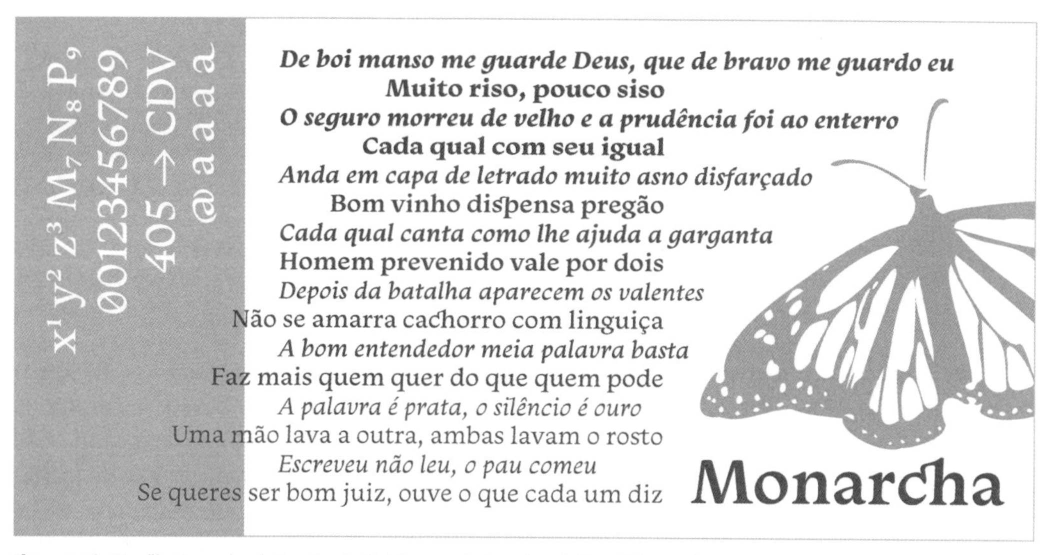

Figura 3.26 – Família Monarcha, de Isac Corrêa Rodrigues, selecionada pela Bienal Tipos Latinos 2010 na categoria "família", como um dos destaques de qualidade da mostra. Imagem cedida por Isac Corrêa Rodrigues.

ARAUTO foi desenvolvida prioritariamente para textos de jornais, mas seu desenho permite também aplicações mais universais, como em livros e revistas. *O trabalho procurou responder a questões específicas de jornais, como economia de espaço e baixa qualidade de impressão.* **Buscou-se formas que expressassem a credibilidade desejada para a publicação de notícias. As letras apresentam terminais e serifas pontiagudas trazendo vitalidade e certa personalidade à malha de texto.**

Figura 3.27 – Família Arauto, de Fernando Caro, selecionada pela Bienal Tipos Latinos 2010 na categoria "família". Imagem cedida por Fernando Caro.

Figura 3.28 – Fonte Adriane Lux, de Marconi Lima, selecionada pela Bienal Tipos Latinos 2010 na categoria "títulos". Imagem produzida pelo autor.

Atualmente, poucos daqueles grupos pioneiros da tipografia digital brasileira continuam em atividade. Por outro lado, aumenta o número de tipos feitos sob encomenda, por escritórios e designers autônomos. No mercado de tipos em catálogo, o número de novas fundidoras digitais independentes se multiplica, dada a facilidade para se entrar nesse mercado por meio de distribuidores altamente receptivos. Grande parte dessas novas fundidoras são constituídas por um ou dois designers, que trabalham em seus escritórios gerando produtos para o mercado. Nesses casos, cada designer costuma participar de todas as etapas do processo de concepção e produção de seus tipos – algo semelhante ao artesão pré-revolução industrial, mas agora com equipamentos altamente sofisticados. Esse modo de trabalho frequentemente acontece de forma diferente do que estamos acostumados na programação visual, em que o designer é responsável pela concepção do produto e a parte da produção fica por conta do gráfico ou similar. Duas exceções à regra nacional são o gaúcho Fabio Haag, atual funcionário da inglesa Dalton Maag, e o paulista Fernando Mello, que trabalha na Fontsmith, também inglesa. Em ambas as empresas, as etapas de design e de produção tipográfica são bem divididas e todos os projetos são feitos em equipe.

O próprio discurso dos designers de tipos digitais se torna mais maduro e mais profissional – um caminho natural de erros, acertos e aprendizado deixado por tantas pessoas que se propuseram a desbravar esse novo campo. No mercado de fontes sob catálogo, vê-se atualmente algumas empresas, designers autônomos e grupos independentes que começam a se firmar, como a Omine Type, do já citado Eduardo Omine, com fontes comercializadas pelo MyFonts, Linotype e Fontshop; a Just in Type, do pioneiro Tony de Marco, com seus produtos também na Linotype, no MyFonts e na Fontshop; a Outras Fontes, de Ricardo Esteves, distribuindo suas fontes pelo MyFonts, Ascender Corporation, Linotype e Monotype; a Typefolio, de Marconi Lima, com suas fontes distribuídas pelo MyFonts, TypeTrust, Veer e Fontshop; a Neder Type, de Rafael Neder, distribuindo seus produtos pelo MyFonts e T-26; a Intellecta Design, de Paulo W, com suas fontes distribuídas no MyFonts, T-26, Monotype e outros; Yomar Augusto, com fontes comercializadas pela fundidora Re-Type e revendidas pelo MyFonts; Frederico Antunes, com suas fontes distribuídas pela YouWorkForThem; Gustavo Ferreira, com fontes distribuídas pela Typotheque; Fernando Mello, atualmente desenvolvendo projetos na fundidora inglesa Fontsmith; além de Fabio Haag, com fontes distribuídas pela Dalton Maag, T-26 e MyFonts. De acordo com Haag,

> Criamos quebrando regras, inicialmente sem sequer saber que elas existiam. Mas hoje já passamos a fase inicial de experimentação, e estamos aliando nossa criatividade com um maior rigor técnico, conhecendo com maior rigor a arte e a técnica tipográfica, resultando em projetos inovadores e de qualidade internacional. Isso é tão verdadeiro que foi um dos motivos pelo qual fui contratado pela Dalton Maag. Nós latino-americanos somos conhecidos por sermos muito criativos em qualquer campo da comunicação, e no type-design, não poderia ser diferente. (HAAG, 2008. Disponível em: http://www.tipografia-montevideo.info/entevistas/archivo/e_haag.html. Acesso em: 15 ago. 2008.)

Com fontes distribuídas exclusivamente pelo MyFonts, há ainda a BRtype, de Gustavo Lassala; a Misprinted Type, de Eduardo Recife; a Tipos do aCASO, de Leonardo Costa, a IsacoType, de Isac Corrêa Rodrigues, o estudioCrop, de Dado Queiroz; a DooType, de Eduilson Coan; a Fictilia, de Anderson Maschio; a DMTR, de Dimitre Lima; a letraUm, de Vicente Pessoa, Tiago Porto e Zed Martins; a This Is Not Typography, de Francisco Martins; além de outros designers como Daniel Justi e Jarbas Gomes.

Outros designers poderão ser encontrados atuando nesse amplo mercado de tipografia digital. Aqui, fez-se menção apenas àqueles que obtiveram visibilidade nacional e internacional, encontrados nas referências pesquisadas, tendo em vista os critérios utilizados. Com isso, espera-se estar contribuindo para estabelecer um panorama geral sobre a produção de tipografia brasileira a partir do final dos anos 1980.

É visível a evolução da atividade no Brasil, embora permaneçamos ainda muito aquém, em termos quantitativos na produção, em relação aos países centrais como Estados Unidos, Inglaterra, Alemanha e Holanda. Os motivos dessa diferença podem ser atribuídos, historicamente, tanto à chegada tardia da impressão no Brasil, no século XIX, quanto às defasagens tecnológica (na década de 1980), econômica e de difusão de conhecimentos específicos, quando comparado a esses países. Somemos a isso, o papel da iniciativa privada, da demanda de mercado interno e o fato de ainda não termos empresas de origem nacional que se dediquem exclusivamente à atividade do design de tipos digitais.

No mercado de fontes em catálogo (que é internacional), verifica-se o crescimento quantitativo de fontes brasileiras em revendedores como o MyFonts. Mas em relação a outros grandes distribuidores, como FontShop e Linotype/Monotype, entre outros emergentes, a quantidade é ainda bastante reduzida. O próprio fato de as principais empresas distribuidoras de tipos digitais serem norte-americanas e alemãs, já leva a uma conclusão óbvia. Em termos de premiação, ainda não houve nenhum tipo brasileiro selecionado no TDC Type Design Competition de Nova York – a mais respeitada premiação do mundo na área. Desse modo, é visível que, para atingir uma considerável visibilidade internacional e tornar a produção nacional proporcional ao que é visto nos países desenvolvidos, há ainda muito trabalho a ser feito. Por outro lado, tendo em vista a produção efetiva na década de 2000, com a criação das citadas Bienais Letras Latinas/Tipos Latinos, pode-se observar com maior clareza como o design de tipos tem se desenvolvido ao longo dos últimos anos em diferentes países do nosso continente. Apesar da citada defasagem em relação a países europeus e anglo-americanos, fica evidenciada a evolução nacional crescente, com projetos de alto nível técnico e estético. Do mesmo modo, é possível notar a crescente articulação dos designers de tipos brasileiros com o mercado internacional.

Considerações finais

Com as informações apresentadas no último capítulo, é possível sintetizar a produção nacional do seguinte modo: durante a década de 1980 houve poucas iniciativas isoladas no desenvolvimento de tipos digitais, fato esse, diretamente relacionado ao baixo acesso à tecnologia e às ferramentas específicas para desenho e produção de fontes. O quadro começou a mudar a partir da segunda metade da década de 1990, quando aconteceu uma expansão produtiva, rica em experimentações e explorações formais, permitidas pelo acesso às novas ferramentas digitais. A década de 1990 foi rica na produção de fontes *display* experimentais, por iniciativa de profissionais e estudantes. Observa-se também, uma valorização das referências visuais vernaculares na produção tipográfica brasileira e a busca por identidades regionais. No final da década de 1990 e início da década de 2000 são publicados os primeiros livros de autores brasileiros que tratam do design de tipos como um tema específico. A partir do início da década de 2000, é possível observar as iniciativas de promoção e fomento da atividade, como exposições, congressos, bienais, palestras e *workshops*. Fica clara também, a maior articulação dos designers brasileiros com o mercado internacional, bem como com instituições de ensino estrangeiras. Inicia-se uma maior produção de tipos para texto, embora os tipos *display* continuem sendo majoritários na produção brasileira. O caráter experimental dá lugar, em grande parte, à pragmática da exploração de mercado e é possível notar o crescente número de tipos feitos sob encomenda para grandes empresas. Cresce também a articulação de designers brasileiros com revendedores e fundidoras internacionais de tipos digitais. Essa distribuição da produção nacional se dá, em grande parte, por meio do revendedor MyFonts, mas também em outras empresas como a Linotype, Monotype, ITC, T-26, Fontshop, Veer, TypeTrust, Typotheque, Fontsmith, Dalton Maag, Ascender e YouWorkForThem.

Após a democratização produtiva ensejada pelos programas de design e produção de tipos com interface intuitiva, como no caso do Fontographer, e após um certo esgotamento de projetos centrados na experimentação formal, a quantidade de pessoas envolvidas com o design de tipos continua a crescer, mas são poucos os que permanecem ativos nessa prática durante muitos anos. Desse modo, no Brasil, parece existir uma tendência a uma progressiva redução no ritmo de desenvolvimento quantitativo em benefício de um crescimento qualitativo. Esse fenômeno pode ser associado também ao surgimento dos cursos de pós-graduação em design de tipos no exterior, a partir do início da década de 2000. Nesse sentido, após o período de franca expansão e experimentação, possibilitada pela democratização tecnológica, a atividade começa a ganhar contornos e cresce a difusão de conhecimentos específicos, bem como o mercado se torna mais competitivo e exigente. Assim, em um processo cíclico, na década de 2000 o design e produção de tipos parece demonstrar uma tendência a um retorno ao escopo dos especialistas, porém renovado pela história recente, não mais restrito ao monopólio das grandes empresas tradicionais e aberto a proposições estéticas de toda espécie. Com isso, a atividade, inserida num paradigma da globalização, parece demonstrar um franco desenvolvimento também no que diz respeito a projetos realizados por brasileiros.

A partir da difusão do formato OpenType, na década de 2000, o principal programa de design e produção de tipos utilizado pelos profissionais da área passou a ser o Fontlab Studio – mais complexo em termos de interface em relação aos seus antecessores. Outros programas e *plug-ins* para a produção de famílias tipográficas surgiram, contribuindo, por um lado, para uma facilitação em projetos de grande complexidade, mas por outro, para uma necessidade de maiores conhecimentos técnicos para operação e produção efetiva de fontes digitais – conhecimentos esses, não necessariamente ligados ao design em si, mas também à programação informática. Essas mudanças tecnológicas sutis, de certo modo, acabaram influenciando no afastamento de alguns profissionais da área. Grande parte dos projetos desenvolvidos começou a se tornar mais complexa, como no caso das famílias tipográficas com vários pesos e estilos, de modo que o tempo de desenvolvimento de um único projeto também tende a se tornar maior.

Apesar de uma redução sutil no ritmo da produção nacional, no que diz respeito às fontes em catálogo, a produção internacional continua em franca aceleração. Desde a década de 1980 se evidencia um paradigma de renovação permanente de produtos em geral, estabelecendo o que Gilles Lipovetsky chama de "um presentismo de segunda geração". No design de tipos isso fica ainda mais evidenciado a partir da década de 2000. Tendo em vista os novos elementos que compõem o cenário da nova ordem mundial, Lipovetsky diz que,

> A partir dos anos 80 e (sobretudo) 90, instalou-se um presentismo de segunda geração, subjacente à globalização neoliberal e à revolução informática. Essas duas séries de fenômenos se conjugam para "comprimir o espaço-tempo", elevando a voltagem da lógica da brevidade. De um lado, a mídia eletrônica e informática possibilita a informação e os intercâmbios em "tempo real", criando uma sensação de simultaneidade e imediatez que desvaloriza sempre mais as formas de espera e de lentidão. De outro lado, a ascendência crescente do mercado e do capitalismo financeiro pôs em xeque as visões estatais de longo prazo em favor do desempenho a curto prazo, da circulação acelerada dos capitais em escala global, das transações econômicas em ciclos cada vez mais rápidos. (LIPOVETSKY, 2004, p. 62-63.)

Em uma sociedade que estimula ao mesmo tempo a eficiência operacional e a moderação, resta saber em que medida esse equilíbrio poderá ser estabelecido. O próprio capitalismo financeiro começa a dar sinais de desequilíbrio, na aceleração progressiva em função do crédito. Com a crise econômica internacional de 2008, muitas empresas antes percebidas como sólidas e estáveis anunciam a falência, outras se fundem na tentativa de permanecer no mercado. Mas em toda crise há sempre uma abertura para novas perspectivas. É importante que os designers de tipos estejam atentos para essas mudanças e procurem se adequar às demandas do presente. Em um "presentismo" cada vez mais acentuado, é importante refletir sobre que caminhos poderá tomar o design, tendo em vista que a atividade projetual sempre esteve estritamente ligada à uma perspectiva de **futuro.** Grande parte dos projetos de design passam a ter como perspectiva um futuro menos duradouro, mais maleável e com menos certezas absolutas.

A própria tipografia corporativa, já há algum tempo, se torna mais flexível, menos duradoura, e a noção de identidade visual tendencialmente se insere numa perspectiva do *branding*. Projetos que, há alguns anos, tinham a pretensão de permanecer inalterados por várias décadas, começam a sofrer o impacto da renovação permanente, com redesenhos e reposicionamentos de marca cada vez mais frequentes. Isso, de certo modo, traz novas oportunidades para os designers de tipos, no sentido do desenvolvimento de famílias tipográficas exclusivas para marcas, produtos e publicações.

Outro modelo de inserção que começa a surgir no mercado, ainda em estado embrionário, são as fontes para uso em páginas da Web. Com novos serviços já iniciados nesse sentido no segundo semestre de 2009 e primeiro semestre de 2010, nos Estados Unidos e na Europa (por exemplo, Typekit, Kernest, Typotheque Web Font Service, FontsLive, Fonts.com Web Fonts e Fontspring), bem como com a evolução dos navegadores e com as especificações técnicas de novos formatos (por exemplo, WOFF), as chamadas *web fonts* logo deverão se tornar mais um meio de exploração projetual para os designers de tipos brasileiros.

Nessa nova sociedade de renovação permanente, novas oportunidades de projeto tendem a surgir, ampliando cada vez mais o desenvolvimento da tipografia digital brasileira – um mercado que rapidamente se amplia, contribuindo para consolidar essa atividade em franca ascensão.

Referências bibliográficas

ADG – Associação dos Designers Gráficos do Brasil. *Catálogo 5ª Bienal Brasileira de Design Gráfico*. São Paulo: ADG, 2000.

______. *Catálogo 6ª Bienal Brasileira de Design Gráfico*. São Paulo: ADG, 2002.

______. *Catálogo 7ª Bienal Brasileira de Design Gráfico*. São Paulo: ADG, 2004.

______. *Catálogo 8ª Bienal Brasileira de Design Gráfico*. São Paulo: ADG, 2006.

______. *Catálogo 9ª Bienal Brasileira de Design Gráfico*. São Paulo: ADG, 2009.

BACON, Billy. Subvertaipe. *Tupigrafia*, n. 2, p. 30-37, 2001.

BAINES, Phil; HASLAM, Andrew. *Type & typography*. New York: Watson-Guptill Publications, 2002.

BIGGS, John R. *An approach to type*. London: Blandford Press, 1961.

BONSIEPE, Gui. *Design*: do material ao digital. Florianópolis: Fiesc/IEL, 1997.

BRINGHURST, Robert. *Elementos do estilo tipográfico (versão 3.0)*. São Paulo: Cosac Naify, 2005.

CAUDURO, Flávio Vinicius. Desconstrução e tipografia digital. *Arcos*, v. 1, número único, 1998.

CHENG, Karen. *Designing type*. New Haven: Yale University Press, 2005.

CRUZ, Crystian. Nossa escrita brasilêra. *Tupigrafia*, n. 4, p. 69-71, 2003.

DELEUZE, Gilles; GUATTARI, Félix. *Mil Platôs*: capitalismo e esquizofrenia. v. 2. Rio de Janeiro: Editora 34, 1995 [1980].

DIETZSCH, Rafael. Gemada tipográfica. *Tupigrafia*, n. 3, p. 62-64, 2002.

EARLS, David. *Designing typefaces*. Mies: RotoVision, 2002.

FARIAS, Priscila. *Tipografia digital*: o impacto das novas tecnologias. Rio de Janeiro: 2AB, 2000.

______. Seu Juca, letrista pernambucano. *Tupigrafia*, n. 1, p. 22-25, 2000a.

______. Os tipos do acaso. *Tupigrafia*, n. 2, p. 46, 2001.

______. Notas para uma normatização da nomenclatura tipográfica. 6º CONGRESSO BRASILEIRO DE PESQUISA E DESENVOLVIMENTO EM DESIGN. *Anais do P&D Design 2004*. São Paulo, 2004.

______. PIQUEIRA, Gustavo. *Fontes digitais brasileiras*: de 1989 a 2001. São Paulo: Edições Rosari, 2003.

______. MOURILHE, Fabio. Um panorama das classificações tipográficas. *Estudos em Design*, v. 11, n. 2, p. 67-81, 2005.

FERREIRA, Gustavo. Elementar: a flexible bitmap system. *Typo*, n. 27, 2007.

FRUTIGER, Adrian. *Sinais e símbolos*: desenho, projeto e significado. São Paulo: Martins Fontes, 2001.

______. *En torno de la tipografía*. Barcelona: Gustavo Gili, 2002.

______. *El libro de la tipografía*. Barcelona: Gustavo Gili, 2007.

GAUDÊNCIO JUNIOR, Norberto. *A herança escultórica da tipografia*. São Paulo: Edições Rosari, 2004.

_____.; LASSALA, Gustavo. Uns tipos novos: a nova geração da tipografia brasileira. *Tecnologia Gráfica*, ano XII, n. 62, p. 58-61, 2008.

GILL, Eric. *Ensaio sobre tipografia*. Coimbra: Almedina, 2003 [1931].

GOMES, Ricardo Esteves. *O design brasileiro de tipos digitais*: elementos que se articulam na formação de uma prática profissional. 2010. Dissertação (Mestrado). ESDI/UERJ, Rio de Janeiro, 2010.

GRUSZYNSKI, Ana Cláudia. *Design gráfico*: do invisível ao ilegível. São Paulo: Edições Rosari, 2008.

HAAG, Fabio. 2008. Entrevista no *site* Tipografia-Montevideo. Disponível em: <http://www.tipografia-montevideo.info/entevistas/archivo/e_haag.html> Acesso em: 15 ago. 2008.

HELLER, Steven; MEGGS, Philip. *Texts on type*: critical writings on typography. New York: Allworth Press, 2001.

_____. *The education of a typographer*. New York: Allworth Press, 2004.

HIGHSMITH, Cyrus. Do we need more fonts? Disponível em: <http://tdc.org/tdc/archives/139>. Acesso em: 15 fev. 2010.

LAWSON, Alexander. *Anatomy of a typeface*. Boston: David R. Godine, 1990.

LETRAS Latinas. Bienal. Catálogo da 2ª Bienal Latino-Americana de Tipografia. Buenos Aires, 2006.

LÉVY, Pierre. *As tecnologias da inteligência*: o futuro do pensamento na era da informática. Tradução de Carlos Irineu da Costa. Rio de Janeiro: Editora 34, 1993.

LIMA, Fabio Pinto Lopes de. *O processo de construção de fontes digitais de simulação caligráfica*. Dissertação (Mestrado). ESDI/UERJ, Rio de Janeiro, 2009.

LIPOVETSKY, Gilles. *Os tempos hipermodernos*. São Paulo: Editora Barcarolla, 2004.

LO CELSO, Alejandro. 2000. *Serial type families*: from Romulus to Thesis. Disponível em: <http://typeculture.com/academic_resource/articles_essays/> Acesso em: 5 ago. 2009.

LUPTON, Ellen. 2009. Typography in the 1990's. Print Blog. Disponível em: <http://printmag.com/Article/Typography-in-the-1990s> Acesso em: 7 mar. 2009.

NARDI, Henrique. Foundries brasileiras. *Tupigrafia*, n. 6, p. 95-101, 2005.

NOORDZIJ, Gerrit. *Letterletter*. Vancouver: Hartley & Marks Publishers, 2000.

_____. *The stroke*: theory of writing. Londres: Hyphen Press, 2005 [1985].

OMINE, Eduardo. 2006. Entrevista no *site* Tipograficamente. Disponível em: <http://tipograficamente.blogspot.com/2006/04/entrevista-4-eduardo-omine.html>. Acesso em: 23 nov. 2008.

PHINNEY, Tomas W. *TrueType, PostScript Type 1, & OpenType*: what's the difference? Adobe Press, 2004.

RECIFE, Eduardo. Great Circus. *Tupigrafia*, n. 6, p. 45, 2005.

ROCHA, Cláudio. *Projeto tipográfico*: análise e produção de fontes digitais. São Paulo: Edições Rosari, 2002.

ROCHA, Cláudio; De Marco, Tony. Editorial. *Tupigrafia*, n. 1, p. 03, 2000.

_____; _____. Editorial. *Tupigrafia*, n. 5, p. 02, 2004.

_____; _____. Disquete? *Tupigrafia*, n. 5, p. 94, 2004.

RUDER, Emil. *Manual de diseño tipográfico*. Barcelona: Gustavo Gili, 1983.

SHAW, Paul. 2005. The digital past: when typefaces were experimental. Disponível em: <http://www.aiga.org/content.cfm/the-digital-past-whentypefaces-were-experimental> Acesso em: 17 set. 2009.

SMEIJERS, Fred. *Counterpunch*: making type in the sixteenth century, designing typefaces now. London: Hypen Press, 1996.

SPIEKERMANN, Erik. *Stop stealing sheep and find out how type works*. Adobe Press. 1993.

TIPOGRAFIA Brasilis 2. *Brasil de corpo de alma*. Catálogo da exposição. São Paulo, 2001.

TIPOGRÁFICA, Revista de diseño. *Catálogo Letras Latinas* – Bienal 2004. tpG, n. 60, p. 40-70, 2004.

TIPOS Latinos. *Catálogo da 3ª Bienal Latino-Americana de Tipografia*. São Paulo, 2008.

TRACY, Walter. *Letters of credit*: a view on type design. Boston: David R. Godine Publisher, 1986.

TSCHICHOLD, Jan. *Tipografia elementar*. São Paulo: Altamira Editorial, 2007 [1925].

UNGER, Gerard. *While You're Reading*. New York: Mark Batty Publisher, 2007.

WARDE, Beatrice. Printing should be invisible. In: McLEAN, R. *Typographers on type*. New York: Lund Humphries, 1995 [1932]. p. 73-78.

Este livro foi composto com as famílias tipográficas brasileiras *Beret*, de Eduardo Omine e *Adriane*, de Marconi Lima, em setembro de 2010, em São Paulo, Brasil, pela Editora Edgard Blucher Ltda., segundo projeto gráfico desenvolvido por Priscila Lena Farias. Impresso e encadernado na gráfica Cromosete, em setembro de 2010.